钳工工艺与技能

（第 2 版）

主　编　李　颖　刘忠菊
副主编　唐维贵　游洪建　姜安乐

北京理工大学出版社
BEIJING INSTITUTE OF TECHNOLOGY PRESS

内容简介

本书在国家示范建设院校课程改革成果出版的第一版基础上,结合最新的改革成果修订而成。通过项目教学模式,采用理实一体化教学,以完成项目任务为主线,按照"项目带动、教学合一、理实结合"实施课程教学,加强教学的真实性和实践性,充分体现企业实际需要。在课程的学习过程中,强调学生团队协作、语言交流、工作能力的提高,使学生掌握从社会到学校、从学校到赛场、从赛场到岗位所必须具备的知识、能力和素质,为学生可持续发展奠定基础。

本书主要针对职业院校加工制造类专业、交通运输类专业等开设的《钳工技能》课程所用。主要从钳工入门到中级钳工、高级钳工、中高职衔接等所具备的专业知识和技能入手,由浅入深、模块化展示专业理论和技能的,让学习者可以通过模块中的三维建模的操作步骤,自学各项技能,并通过理论加深知识的掌握程度,是一本适合培养新型技能人才的教材。

版权专有　侵权必究

图书在版编目(CIP)数据

钳工工艺与技能 / 李颖, 刘忠菊主编. -- 2 版. -- 北京:北京理工大学出版社, 2021.9
ISBN 978-7-5763-0249-3

Ⅰ. ①钳… Ⅱ. ①李… ②刘… Ⅲ. ①钳工-工艺-职业教育-教材 Ⅳ. ①TG9

中国版本图书馆 CIP 数据核字(2021)第 176744 号

出版发行 /	北京理工大学出版社有限责任公司
社　　址 /	北京市海淀区中关村南大街 5 号
邮　　编 /	100081
电　　话 /	(010)68914775(总编室)
	(010)82562903(教材售后服务热线)
	(010)68944723(其他图书服务热线)
网　　址 /	http://www.bitpress.com.cn
经　　销 /	全国各地新华书店
印　　刷 /	定州市新华印刷有限公司
开　　本 /	889 毫米×1194 毫米　1/16
印　　张 /	13.5
字　　数 /	270 千字
版　　次 /	2021 年 9 月第 2 版　2021 年 9 月第 1 次印刷
定　　价 /	38.00 元

责任编辑 / 多海鹏
文案编辑 / 多海鹏
责任校对 / 周瑞红
责任印制 / 边心超

图书出现印装质量问题,请拨打售后服务热线,本社负责调换

前言

本书结合钳工职业标准，基于典型工件制作过程分析开发的机械课程教材之一。通过项目教学模式，采用理实一体化教学，以完成项目任务为主线，按照"项目带动、教学合一、理实结合"实施课程教学，加强教学的真实性和实践性，充分体现企业实际需要。在课程的学习过程中，强调学生团队协作、语言交流、工作能力的提高，使学生掌握从社会到学校、从学校到赛场、从赛场到岗位所必需的知识、能力和素质，为学生可持续发展奠定基础。

本书通过钳工职业属性入手构建钳工教学内容的场景，并以钳工工件的型面加工、孔加工、组合件制作等实际项目为学习载体，形成连贯性教学单元，由浅入深、由简入繁，帮助学生系统学习和掌握初、中级钳工阶段应知应会的内容，完成钳工工艺与技能实践的综合学习，为学生对口高考技能奠定了扎实的基础。

教学方法：

1）教学过程中以学生行动为关注中心。

2）教学过程中以工厂生产模式为学习情景。

3）教学的最终目标是完成项目内容。

4）教学过程必须遵循"资讯—计划—决策—实施—检查—评估"这一完整的行动过程，而教师必须是这一教学过程的组织者与协调者。

在教学过程中，强调学生的实际动手能力，以职业情境中的行动能力为培养目标，以基于职业情境的行动过程为学习途径，以师生互动的合作行动为学习方式，以学生自我构建的行动过程为培养目标，以专业能力、思维能力、合作能力整合后形成的行动能力为评价学生学习成绩的主要依据。

通过本书的学习，学生应掌握并完成以下学习目标：

（1）职业能力目标

1）培养学生的安全文明生产意识和良好的职业素质；

2）建立机械生产工艺过程的概念，了解钳工技能在机械制造与维修中的作用和必要性；

3）掌握钳工的基本操作方法：划线、锉削、锯削、钻孔、攻丝等；

4）能够使用常用工具和量具制作有一定精度要求的工件；

5）运用所学知识编制零件加工工艺，并独立完成加工任务。

（2）知识目标

1）了解钳工在工业生产中的地位和作用；

2）掌握钳工基本知识和钳工工艺理论；

3）掌握常用钳工工具、量具和设备的使用方法；

4）掌握中等复杂零件钳工加工工艺的编制；

5）培养吃苦耐劳的精神，养成安全操作、文明生产的职业习惯；

6）工艺理论和操作技能达到中级甚至高级水平。

（3）素质目标

1）把理论知识与应用性较强的实例有机结合起来，提高学生的专业实践能力；

2）培养学生的创新意识；

3）培养学生爱岗敬业与团队协作的意识。

本教材由北川羌族自治县七一职业中学李颖、刘忠菊担任主编；由北川羌族自治县七一职业中学唐维贵、四川九洲集团游洪建、北川羌族自治县七一职业中学姜安乐担任副主编；参加编写工作的还有北川羌族自治县七一职业中学张雪琴、李慧蓉、罗俊、龚金星、刘萍、谈小川、陈林、沈誉晗，四川九洲集团杜建、侯泽文、刘中全、巩杨。

由于编者水平有限，编写时间仓促，书中难免有不足之处，恳请广大读者批评指正。

编　者

目录

模块一　钳工职业属性

单元一　钳工的工作性质与范围认知 ………… 2
一、认识钳工 ……………………………………… 2
二、钳工常用设备 ………………………………… 3

单元二　钳工生产现场管理认知 ……………… 6
一、生产现场 5S 管理 …………………………… 6
二、生产作业安全 ………………………………… 12
三、生产质量管理 ………………………………… 19

模块二　钳工型面加工

单元一　钳工型面加工工艺认知 ……………… 25
一、划线 …………………………………………… 25
二、锯割 …………………………………………… 32
三、锉削 …………………………………………… 40
四、錾削 …………………………………………… 50
五、常用量具及其测量方法 ……………………… 54
六、钳工操作安全控制 …………………………… 64
七、型面检测的举例 ……………………………… 65

单元二　制作多角样板 ………………………… 67
一、项目任务 ……………………………………… 68
二、项目实施 ……………………………………… 68
三、项目实施清单 ………………………………… 72
四、项目检查与评价 ……………………………… 74
五、知识点回顾 …………………………………… 75

单元三　知识巩固练习 ………………………… 76
一、制作 E 字板 …………………………………… 76
二、制作工形板 …………………………………… 79

模块三　钳工型孔加工

单元一　钳工型孔加工的工艺认知 …………… 86
一、钻孔 …………………………………………… 86
二、扩孔 …………………………………………… 104
三、锪孔 …………………………………………… 105
四、铰孔 …………………………………………… 107
五、攻丝 …………………………………………… 112
六、套丝 …………………………………………… 120
七、精密测量及量具使用 ………………………… 122
八、孔加工操作安全生产 ………………………… 140

单元二　制作多孔模板 ·················· 145
一、项目任务 ························ 145
二、项目实施 ························ 146
三、项目实施清单 ···················· 149
四、项目检查与评价 ·················· 151
五、知识点回顾 ······················ 152

单元三　知识巩固练习 ·················· 153
一、制作 T 型模板 ··················· 153
二、制作六方螺母及螺栓 ·············· 157

模块四　钳工配合工件加工

单元一　钳工配合工件加工的理论认知 ··· 164
一、配合公差 ························ 164
二、几何公差 ························ 171
三、表面粗糙度公差 ·················· 175

单元二　制作模板镶配件 ················ 178
一、项目任务 ························ 179
二、项目实施 ························ 180
三、项目实施清单 ···················· 188
四、项目检查与评价 ·················· 190
五、知识点回顾 ······················ 191

单元三　知识巩固练习 ·················· 192
一、制作圆弧角度镶配件 ·············· 192
二、制作三角组合体 ·················· 197
三、制作双凸立配组合件 ·············· 202

参考文献 ······························· 209

模块一

钳工职业属性

在机械生产加工过程中，一种以手工操作为主的切削加工的方法，即该加工过程和加工方法统称为钳工。一般来讲钳工根据加工范围不同可分为：普通钳工（指对零件进行装配、修整、加工的人员）、机修钳工（指主要从事各种机械设备的维修工作）、工具钳工（主要从事工具、模具、刀具的制造和修理）和装配钳工（按机械设备的装配技术要求进行组件、部件装配和总装配，并进行调整、检验和试车）。

钳工工作是一项比较复杂、细微且工艺要求较高的工作，应用面非常广泛，目前虽然在机械加工领域有了各种先进的加工方法，但由于钳工所用工具简单，加工方式灵活多样，操作方便，故有很多工作仍需要由钳工来完成。钳工在机械制造及维修中有着特殊的、不可取代的作用。

通过本单元的学习达到以下目标：

1) 能正确认知钳工的职业范围，懂得钳工职业的技能要求和工作内容。
2) 了解钳工职业技能发展通道，树立正确的职业观。
3) 熟悉钳工质量管理，树立正确的质量意识。
4) 熟悉企业安全文明生产，能够进行安全规范操作。
5) 熟悉企业生产现场定制管理，能正确应用 5S 管理提升自己的职业素养。
6) 提高学生对钳工工种的认识和兴趣。
7) 深刻理解钳工的职业属性，明确钳工的技能分类。
8) 掌握钳工常用设备的使用和保养方法。
9) 掌握生产现场 5S 管理的实施办法和安全控制。
10) 掌握钳工生产质量控制理论和控制重点。

【单元学习流程】

性质 → 范围 → 技能 → 常用设备 → 5S管理 → 作业安全 → 质量管理 → 职业属性

单元一 钳工的工作性质与范围认知

一、认识钳工

1. 工作性质

钳工岗位及工作所用工具简单，加工方式灵活多样，操作方便，应用面非常广泛，在机械制造及维修中有着特殊的、不可取代的作用。钳工的工作性质主要有以下特点。

1）加工灵活。在不适于机械加工的场合，尤其是在机械设备的维修工作中，使用钳工加工可获得满意的效果。

2）可加工形状复杂和高精度的零件。技术熟练的钳工可加工出比现代化机床加工的零件还要精密和光洁的零件，并可加工出现代化机床无法加工的、形状非常复杂的零件，如高精度量具、样板、开头复杂的模具等。

3）投资小，钳工加工所用工具和设备价格低廉，携带方便。

4）生产效率低，劳动强度大。

5）加工质量不稳定，加工质量的优劣受工人技术熟练程度的影响。

2. 工作范围

钳工一方面由于技艺性强、加工范围大，具有"万能"和灵活的优势，可以完成机械设备不方便或无法完成的工作；另一方面钳工所用设备简单，一般只需钳工工作台、台虎钳及简单工具即能工作，因此，应用很广。拓展开来看，钳工的工作无处不在，小到修理自行车和打个铁桶，大到制造航天飞机均会用到钳工工作。在现代制造业的发展过程中，钳工的工作性质也有了较大的变化，其并不单纯指手工操作，先进的操作工艺如线切割以及简单的热处理等都进入了钳工的工作范畴。随着机械加工范畴内工种划分越来越交叉和模糊，钳工的加工范围也越来越大。因此，人们对钳工有一个美誉叫"万能工种"，其更好地说明了钳工的工作范围。

1）加工前的准备工作，如清理毛坯、毛坯或半成品工件上的划线等。

2）单件零件的修配性加工。

3）零件装配时的钻孔、铰孔、攻螺纹和套螺纹等。

4）加工精密零件，如刮削或研磨机器、量具和工具的配合面，夹具与模具的精加工等。

5）零件装配时的配合修整。

6）机器的组装、试车、调整和维修等。

3. 基本技能

随着钳工的工作性质以及工作范围的拓展，对钳工的工作技能有了更高的要求，但其基本技能主要还是以下内容。

1) 辅助性操作：划线，它是根据图样在毛坯或半成品工件上划出加工界线的操作。

2) 切削性操作：锯削、錾削、攻螺纹、套螺纹、钻孔、扩孔、铰孔、刮削和研磨等多种操作。

3) 装配性操作：装配，将零件或部件按图样技术要求组装成机器的工艺过程。

4) 维修性操作：维修，对在役机械设备进行维修、检查和修理的操作。

二、钳工常用设备

1. 钳台

钳台也称钳工台或钳桌，主要作用是安装台虎钳，如图 1-1 所示。钳台用木材或钢板制成，其式样可根据具体要求和条件决定。台面一般是长方形，长、宽尺寸由工作需要确定，高度一般以 800～900 mm 为宜，以便安装上台虎钳后让钳口的高度与一般操作者的手肘平齐，使操作方便省力。

图 1-1　钳台

2. 台虎钳

台虎钳是专门用于夹持工件的。台虎钳的规格指钳口的宽度，常用的有 100 mm、125 mm、150 mm 等，其类型有固定式和回转式两种，如图 1-2 所示。固定式台虎钳与回转式台虎钳的主要构造和工作原理基本相同，由于回转式台虎钳的钳身可以相对于底座回转，因此能满足各种不同方位的加工需要，使用方便，应用广泛。

回转式台虎钳的活动钳身通过其导轨与固定钳身的导轨结合，螺母固定在固定钳身内，丝杆穿入活动钳身与螺母配合。当摇动手柄使丝杆旋转时，可带动活动钳身相对于固定钳身移动，以装夹或放松工件。弹簧由挡圈固定在丝杆上。活动钳身与固定钳身上都装有钢质钳口，且用螺钉加以固定。与工件接触的钳口工作表面上制有交叉斜纹，以防工件滑动，使装夹可靠。钳口经淬硬，以延长使用寿命。固定钳身装在转盘座上，且能绕转盘座的轴线水平转动，当转到所需方向时，扳动手柄使夹紧螺钉旋紧，便可在夹紧盘的作用下把固定钳身紧固。转盘座上有三个螺纹孔，用以把台虎钳固定在钳台上。

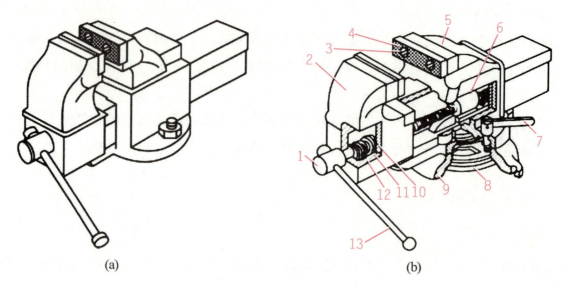

图 1-2 台虎钳

（a）固定式台虎钳；（b）回转式台虎钳

1—丝杆；2—活动钳身；3—螺钉；4—钢质钳口；5—固定钳身；6—螺母；7—扳动手柄；8—夹紧盘；9—转盘座；10—导轨；11—挡圈；12—弹簧；13—摇动手柄

在钳台上安装台虎钳时，使固定钳身的钳口工作面露在钳台边缘，目的是当夹持长工件时，不受钳台的阻碍。台虎钳必须牢固地固定在钳台上，即拧紧钳台上固定台虎钳的两个夹紧螺钉，不让钳身在工作中产生松动，否则会影响工作质量。

使用台虎钳时应注意以下几点：

1）夹紧工件时松紧要适当，只能用手拧紧手柄，不能借助于工具加力，一是防止丝杆与螺母及钳身损坏，二是防止夹坏工件表面。

2）强力作业时，力的方向应朝固定钳身方向，以免增加活动钳身、丝杆和螺母的负载，影响其使用寿命。

3）不能在活动钳身的光滑平面上敲击作业，以防破坏它与固定钳身的配合可能。

4）对丝杆、螺母等活动表面，应经常清洁、润滑，以防生锈。

3. 砂轮机

砂轮机是用来磨削各种刀具或工具的，如磨削錾子、钻头、刮刀、样冲、划针等。砂轮机由电动机、砂轮机座、机架和防护罩等组成，如图 1-3 所示。为减少尘埃污染，其应装有吸尘装置。砂轮安装在电动机转轴两端，要做好平衡，使其在工作中平稳旋转。砂轮质硬且脆，转速很高。因此，使用时一定要遵守安全操作规程，并注意以下几点：

图 1-3 砂轮机

1）砂轮的旋转方向要正确，以使磨屑向下飞离，而不致伤人。

2）砂轮启动后，应等砂轮旋转平稳后再开始磨削，若发现砂轮跳动明显，应及时停机修整。

3）砂轮机的搁架与砂轮间的距离应保持在3mm以内，以防磨削件伤人，造成事故。

4）磨削过程中，操作者应站在砂轮的侧面或斜对面，而不要站在正对面。

4. 台式钻床

台式钻床是一种小型钻床，一般用来钻直径13 mm以下的孔。其规格指所钻孔的最大直径，常用6 mm和12 mm等规格。

接下来同学们思考，查找资料，分别明确台式钻床和立式钻床的功能区别，并填入表1-1中。

表1-1　台式钻床和立式钻床的功能区别

台式钻床	立式钻床

图1-4所示为一种常见的台式钻床。电动机通过五级带轮，可使主轴获得五种转速。头架连同电动机和五级带轮可在立柱上上下移动，同时可绕立柱轴心线任意转动，待调整到适当位置后用手柄锁紧。调低头架，先把保险环调节到适当位置，用螺钉锁紧在立柱上，然后略放松手柄，靠头架的自重落到保险环上，再把手柄扳紧。工作台也同样可上下移动，又可转动，调定后用锁紧手柄固定。当松开锁紧螺钉时，工作台还可在垂直平面内左右倾斜45°。工件较小时，可将工件放在工作台上钻孔；当工件较大时，可把工作台转开，直接放在钻床底座上钻孔。

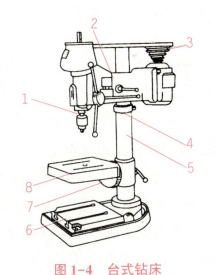

图1-4　台式钻床

1—主轴；2—头架；3—五级带轮；
4—保险环；5—立柱；6—底座；
7—转盘；8—工作台

这种钻床具有较大的灵活性，能适应各种情况的钻孔需要。但由于它的最低转速较高（一般不低于400 r/min），故不适于锪孔和铰孔。

通过前面的学习，同学们清楚了钳工设备安装在钳工工区或钳工实训室。那么接下来要求设计钳工工位和设备安装位置，设计过程中参考本节课程知识并结合本班人数进行规划。

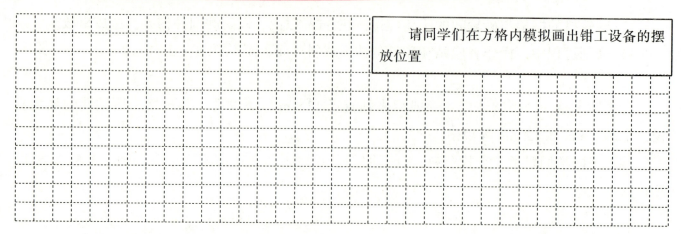

 单元二 钳工生产现场管理认知

一、生产现场 5S 管理

5S 是指整理（Seiri）、整顿（Seiton）、清扫（Seiso）、清洁（Seiketsu）、素养（Shitsuke）等五个项目，因日语的罗马拼音均为"S"开头，所以简称为 5S。

1. 5S 的起源和发展

5S 起源于日本，是指在生产现场中对人员、机器、材料、方法等生产要素进行有效的管理，这是日本企业独特的一种管理办法。

1955 年，日本 5S 的宣传口号为"安全始于整理，终于整理整顿"。当时只推行了前两个 S，其目的仅是确保作业空间和安全。后因生产和品质控制的需要而又逐步提出了 3S，也就是清扫、清洁、素养，从而使应用空间及适用范围进一步拓展。到了 1986 年，日本的 5S 的著作逐渐问世，从而对整个现场管理模式起到了冲击作用，并由此掀起了 5S 的热潮。

日本式企业将 5S 运动作为管理工作的基础，推行各种品质的管理手法，第二次世界大战后，其产品品质得以迅速提升，奠定了经济大国的地位。而在丰田公司的倡导推行下，5S 在塑造企业的形象、降低成本、准时交货、安全生产、高度的标准化、创造令人心旷神怡的工作场所、现场改善等方面发挥了巨大作用，逐渐被各国的管理界所认知。随着世界经济的发展，5S 已经成为工厂管理的一股新潮流。

5S 应用于制造业、服务业等，以改善现场环境的质量和员工的思维方法，使企业能有效地迈向全面质量管理，主要是针对制造业在生产现场，对材料、设备、人员等生产要素开展相应活动。5S 在塑造企业的形象、降低成本、准时交货、安全生产、高度的标准化、创造令人心旷神怡的工作场所、现场改善等方面发挥了巨大作用，是日本产品品质得以迅猛提高并行销全球的成功因素之一。

根据企业进一步发展的需要，有的企业在 5S 的基础上增加了安全（Safety），形成了"6S"；有的企业再增加节约（Save），形成了"7S"；还有的企业加上了习惯化（しゅうかんか，拉丁发音为 Shiukanka）、服务（Service）和坚持（しつこく，拉丁发音为 Shitukoku），形成了"10S"；有的企业甚至推行"12S"。但是万变不离其宗，都是从"5S"里衍生出来的，例如在整理中要求清除无用的东西或物品，这在某些意义上来说就能涉及节约和安全，具体一点例如横在安全通道中无用的垃圾，这就是安全应该关注的内容。

2. 5S 管理的作用

我们实施 5S 管理究竟有什么作用？到底能够改善什么？对我们的学习能够起到什么样的促进作用？请结合表 1-2 中 5S 在企业现场管理的作用，分别阐述自己的看法。

表 1-2 5S 在企业及实训现场管理的作用

5S 在企业现场管理的作用	5S 在实训现场管理的作用（学生填写）
1）提高企业形象	
2）提高生产效率和工作效率	
3）提高库存周转率	
4）减少故障，保障品质	
5）加强安全，减少安全隐患	
6）养成节约的习惯，降低生产成本	
7）缩短作业周期，保证交期	
8）改善企业精神面貌，形成良好的企业文化	

3. 5S 管理实施的具体方法

通过实施 5S 现场管理以规范现场、现物，营造一目了然的工作环境，培养员工良好的工作习惯，最终目的是提升人的品质。在 5S 管理的实施过程中，可通过采取适当措施来改善环境现状，具体方法如下。

（1）定点照相

所谓定点照相，就是对同一地点，面对同一方向，进行持续性的照相，其目的就是把现场不合理现象，包括作业、设备、流程与工作方法予以定点拍摄，并且进行连续性改善。

（2）红牌作战

使用红牌子，使生产人员都能一目了然地看到存在的缺陷，并准确接收到整改命令，而贴红单的对象包括库存、机器、设备及空间，使各级主管都能一眼看出什么东西是必需品、什么东西是多余的。

（3）看板作战

使工作现场人员都能一眼就看出何处有什么东西，数量有多少，同时亦可将整体管理的内容、流程以及订货、交货日程与工作安排制作成看板，使生产人员易于了解，以进行必要的作业。

(4) 颜色管理

颜色管理就是运用工作者对色彩的分辨能力和特有的联想力，将复杂的管理问题简化成不同色彩，区分不同的程度，通过直觉与目视的方法，呈现问题的本质和问题改善的情况，使每一个人对问题有相同的认识和了解。

4. 5S 管理实施的具体内容

要实施 5S 管理，就必须理解 5S 管理中"整理、整顿、清扫、清洁、素养"的真正含义和目的要领。

（1）1S 整理

1）整理的内容就是将工作场所中的所有东西区分为有必要与不必要的，即把必要的东西与不必要的东西明确、严格地区分开来，不必要的东西要尽快处理掉。在这一过程中同学们必须明白生产现场摆放不必要的物品是一种浪费：即使宽敞的工作场所，将愈变窄小；棚架、橱柜等被杂物占据而减少使用价值；增加了寻找工具、零件等物品的困难，浪费时间；物品杂乱无章地摆放，增加盘点的困难，成本核算失准。所以要有决心，不必要的物品应断然地加以处置。实施 1S 整理的目的与实施要领见表 1-3。

表 1-3 实施 1S 整理的目的与实施要领

目的	实施要领
1）腾出空间，空间活用； 2）防止误用、误送； 3）塑造清爽的工作场所	1）每日自我检查； 2）自己的工作场所（范围）全面检查，包括看得到和看不到的； 3）制定"要"和"不要"的判别基准； 4）将不要的物品清除出工作场所； 5）对需要的物品调查使用频度，决定日常用量及放置位置； 6）制定废弃物处理方法

2）请同学们按照 1S 整理的实施要领进行所属位置的整理。

_____

_____

_____

_____

（2）2S 整顿

1）整顿的内容就是对整理之后留在现场的必要的物品分门别类地放置，排列整齐；明确数量，并进行有效的标识。实施 2S 整顿的目的与实施要领见表 1-4。

表1-4 实施2S整顿的目的与实施要领

目的	实施要领
1）使工作场所一目了然； 2）塑造整齐的工作环境； 3）消除找寻物品的时间； 4）消除过多的积压物品	1）前一步骤整理的工作要落实； 2）流程布置，确定放置场所； 3）规定放置方法，明确数量； 4）划线定位； 5）场所、物品标识

2）通过实施整顿过程中的"三要素"和"三原则"来规范整顿行为，如表1-5和表1-6所示。

表1-5 2S整顿三要素

放置场所	放置方法	标识方法
1）物品的放置场所原则上要100%设定； 2）物品的保管要定点、定容、定量； 3）生产线附近只能放真正需要的物品	1）易取； 2）不超出所规定的范围； 3）在放置方法上多下功夫	1）放置场所和物品原则上一对一标识； 2）现物的标识和放置场所的标识； 3）某些标识方法全公司要统一； 4）在标识方法上多下功夫

表1-6 2S整顿三原则

定点	定容	定量
放在哪里合适	用什么容器、颜色	规定合适的数量

3）请同学们按照2S整顿的实施要领进行所属位置的整顿。

_____
_____
_____
_____
_____
_____
_____

（3）3S 清扫

1）清扫就是将工作场所清扫干净，保持工作场所干净、亮丽的环境。

实施3S清扫的目的与实施要领见表1-7。

表 1-7　实施 3S 清扫的目的与实施要领

目的	实施要领
1）消除脏污，保持工作场所干干净净、明明亮亮； 2）稳定品质； 3）减少工业伤害	1）建立清扫责任区（室内外）； 2）执行例行扫除，清理脏污； 3）调查污染源，予以杜绝或隔离； 4）制定清扫基准作为规范

2）请同学们按照 3S 清扫的实施要领进行所属位置的清扫。

（4）4S 清洁

1）清洁就是将上面的 3S 实施的做法制度化、规范化，并贯彻执行及维持结果。实施 4S 清洁的目的与实施要领见表 1-8。

表 1-8　实施 4S 清洁的目的与实施要领

目的	实施要领
维持上面 3S 的成果	1）保持前面 3S 工作； 2）制定考评方法； 3）制定奖惩制度，加强执行； 4）主管经常带头巡查，以表重视

2）请同学们按照 4S 清洁的实施要领进行所属位置的清洁。

(5) 5S 素养

1) 素养就是通过晨会等手段，提高全员文明礼貌水准，使每位员工养成良好的习惯，并遵守规则做事。开展 5S 容易，但长时间地维持必须靠素养的提升。实施 5S 素养的目的与实施要领见表 1-9。

表 1-9 实施 5S 素养的目的与实施要领

目的	实施要领
1) 培养具有好习惯、遵守规则的员工； 2) 提高员工文明礼貌水准； 3) 营造团体精神	1) 制定服装、仪容、识别证标准； 2) 制定共同遵守的有关规则、规定； 3) 制定礼仪守则； 4) 加强训练（新进人员强化 5S 教育、实践）； 5) 组织各种精神提升活动（晨会、礼貌运动等）

2) 请同学们按照 5S 的素养要求制定自己的行动规范。

5. 5S 管理的实施意义

1) 5S 管理是现场管理的基础，是 TPM（全员参与的生产保全）的前提，是 TQM（全面品质管理）的第一步，也是 ISO 9000 有效推行的保证。

2) 5S 现场管理法能够营造一种"人人积极参与，事事遵守标准"的良好氛围。有了这种氛围，推行 ISO、TQM 及 TPM 就更容易得到员工的支持和配合，有利于调动员工的积极性。

3) 实施 ISO、TQM、TPM 等活动的效果是隐蔽的、长期性的，一时难以看到显著的效果，而 5S 活动的效果却是立竿见影。如果在推行 ISO、TQM、TPM 等活动的过程中导入 5S，可以通过在短期内获得显著效果而增强企业员工的信心。

4) 5S 是现场管理的基础，5S 水平的高低，代表着管理者对现场管理认识的高低，这又决定了现场管理水平的高低，而现场管理水平的高低制约着 ISO、TPM、TQM 活动能否顺利、有效地推行。通过 5S 活动，从现场管理着手改进企业"体质"，则能起到事半功倍的效果。

> 5S 管理对你的意义？

二、生产作业安全

钳工的生产行为以及作业任务均在车间进行，因此生产安全以及危险源的辨识就显得尤为重要，作为一名合格的钳工操作人员，不仅要具有较强的操作技能，同时还应具备较高的岗位安全素养，在安全可控的情况下进行生产，并具备处理突发性安全事故的能力。

1. 国家安全生产的方针

国家安全生产的方针是"安全第一，预防为主"，保护劳动者的安全、健康是国家的一项基本政策。

"安全第一"是指在生产活动中必须高度重视安全问题，把安全生产工作放在各项工作的首位，在确保人身和设备安全的前提下进行生产活动。

"预防为主"是指在实现"安全第一"的诸多工作中做好预防工作是最重要的。

2. 生产安全注意事项

（1）生产人员的要求

1）新录用的生产人员须经过体格检查合格，其他生产人员必须定期进行体格检查，凡患有不适于担任本工种生产工作病症的人员，经医生鉴定和有关部门批准，应调换其他工作。

2）所有生产人员都应学会触电、窒息急救法和心肺复苏法，并熟悉有关烧伤、烫伤、气体中毒等急救常识。

3）使用可燃物品（如乙炔、油类等）的人员，必须熟悉这些材料的特性及防火、防爆规则。

4）生产人员的工作服不应有可能被转动的机器绞住的部分；工作时必须穿着工作服，衣服和袖口必须扣好；禁止戴围巾和穿长衣服。工作服禁止使用尼龙、化纤或棉、化纤混纺的衣料制作，以防工作服遇火燃烧加重烧伤程度。生产人员进入生产现场禁止穿拖鞋、凉鞋，女生产人员禁止穿裙子、高跟鞋，辫子、长发必须盘在工作帽内。做接触高温物体的工作时，应戴手套和穿专用的防护工作服。

5）任何人进入生产、施工现场（办公室、控制室、值班室和检修班组室除外），必须正确佩戴安全帽。

6）生产人员严禁带情绪或疲劳工作。一切带有不正常情绪或精神状态不佳的人员不得进行登高作业、带电作业、操作设备或做其他有危险性的工作。

进行钳工操作时应遵守哪些安全规章？

（2）生产设备的维护

1）机器的转动部分必须装有防护罩或其他防护设备（如栅栏），露出的轴端必须设有护盖，以防绞卷衣服。禁止在机器转动时从靠背轮和齿轮上取下防护罩或其他防护设备。

2）对于正在转动中的机器，不准装卸和校正皮带，或直接用手往皮带上撒松香、细砂等物。

3）在机器完全停止以前，不准进行修理工作。修理中的机器应做好防止转动的安全措施，如：切断电源（电动机的开关、刀闸或熔丝应断开，开关操作电源的熔丝也应取下）；切断风源、水源、气源；所有有关闸板、阀门等应关闭；各地点应挂上警告牌，必要时还应采取可靠的制动措施。检修工作负责人在工作前必须对上述安全措施进行检查，确认无误后方可开始工作。

4）禁止在运行中清扫、擦拭和润滑机器的旋转和移动部分，以及把手伸进栅栏内。清拭运转中机器的固定部分时，不准把抹布缠在手或手指上；只有在转动部分对生产人员没有危险时，方可允许用长嘴油壶或油枪往油盅和轴承里加油。

5）禁止在栏杆、管道、靠背轮、安全罩或运行中设备的轴承上行走和坐立，如必须在管道上工作时，要做好安全措施。

6）应尽可能避免靠近和长时间地停留在可能受到意外伤害的地方。如因工作需要必须在这些处所长时间停留时，应做好安全措施。

7）设备异常运行可能危及人身安全时，应停止设备运行。在停止运行前除必需的运行维护人员外，其他清扫、油漆等作业人员以及参观人员不准接近该设备或在该设备附近逗留。

8）厂房外墙和烟囱等处固定的爬梯必须牢固可靠，应设有护圈，并应定期进行检查和维护。上爬梯必须逐级检查爬梯是否牢固，上下爬梯必须抓牢，并不准两手同时抓一个梯阶。

> 简述钻床维护的内容和步骤。

（3）生产设备的使用

1）应熟悉本设备的性能、操作规程，并取得设备操作证。

2）应按润滑管理要求对设备进行周期润滑。

3）设备正式使用前，应对设备进行试机检查，确认各安全保护装置齐全有效、设备运行正常。

4）设备运行时，设备操作人员应精力集中，密切注意设备运行情况，不得离开工作现场进行与本设备操作无关的工作。

5）在设备运行中若发现异常，应立即停机进行处理。

6）设备运行中，禁止对设备进行润滑、调整和擦洗。

7）工作完毕，应切断电源，采取安全措施后再对设备进行润滑、保养和清理设备卫生。

3. 安全处置措施

由于企业是实施社会生产的主要场所，所以安全隐患多，易发生事故的种类也比较多，主要表现在以下几方面：

1）人身事故：指企业职工在生产领域中所发生的、与生产有关的伤亡事故。

2）设备事故：由于某种原因引起的机械、工艺、动力设备、管道、电线、建筑物、运输设备以及仪器仪表、工器具的非正常损坏，造成财产损失，影响生产的事故。

3）火灾事故：由于火灾造成的伤亡或物质财产损失的事故。

4）爆炸事故：在生产过程中，由于某种原因引起的爆炸，造成伤亡和物质财产损失的事故。

5）生产事故：违反工艺规程、岗位操作规程或由于指挥错误，造成生产工艺不正常、停电、停气或减产、跑料、串料、机器运转异常等事故。

6）交通事故：企业的车辆在行车中所造成的车辆损坏、物资损失和人身伤亡的事故。

7）急性中毒事故：由于生产过程中存在的有毒物质，在短期内大量侵入人体，使职工立即中断工作并须进行急救的中毒事故。

8）重大未遂事故：虽然已经构成发生各类重大事故的条件，但处理及时得当，未造成伤亡和直接经济损失，但性质恶劣，或生产操作严重不正常，给设备带来重大隐患或降低设备使用寿命的事故。

因而，在安全事故的处理上，必须按照相关管理程序和相关设备管理章程进行处理。

机械加工中安全隐患主要来自哪些地方？应如何采取应急措施？

（1）用电安全的处置

1）必须安设漏电保安器，同时工具的金属外壳应进行防护性接地或接零。

2）对于使用单相的手持电动工具，其导线、插销、插座必须符合单相三眼的要求；对于使用三相的手持电动工具，其导线、插销、插座必须符合单相四眼的要求。其中有一相用于防护接零，同时严禁将导线直接插入插座内使用。

3）操作时应戴好绝缘手套及站在绝缘板上。

4）不得将工件等重物压在导线上，以防止轧断导线发生触电。

5）工作台、机床上使用的局部照明灯，其电压不得超过36 V。

6）使用的行灯要有良好的绝缘手柄和金属护罩，灯泡的金属灯口不得外露，引线要采用有护套的双芯软线，并装有"T"形插头，防止插入高电压的插座上。行灯的电压在一般场所，不得超过36 V；在特别危险的场所，如锅炉、金属容器内、潮湿的地沟处等，其电压不得超过12 V。

7）在一般情况下，禁止使用临时线。如必须使用时，则须经过技术部门和安监部门批准。同时，临时线应按有关安全规定装好，不得随便乱拉乱拽。同时应按规定时间拆除。

8）在进行容易产生静电火灾、爆炸事故的操作时（如使用汽油洗涤零件、擦拭金属板材等），必须有良好的接地装置，以便及时导出聚集的静电。

9）在雷雨天，不要走进高压电杆、铁塔、避雷针的接地导线周围20 m之内，以免在雷击时发生雷电流入地下产生跨步电压触电。

10）在遇到高压电线断落到地面时，导线断落点周围10 m以内，禁止人员入内，以防跨步电压触电。如果此时已有人在10 m之内，为了防止跨步电压触电，不要跨步奔走，应单足或并足跳离危险区。

11）发生电气火灾时，应立即切断电源，用黄砂、二氧化碳、四氯化碳等灭火器材灭火。切不可用水或泡沫灭火器灭火（因为它们有导电的危险）。救火时应注意自己身体的任何部分及灭火器具不得与电线、电气设备接触，以防发生触电。

12）在打扫卫生、擦拭设备时，严禁用水去冲洗电气设施，或用湿抹布去擦拭电气设施，以防发生短路和触电事故。

（2）设备发生火灾的处置

1）火灾发生后，由于受潮或烟熏，开关设备绝缘能力降低，因此，拉闸时最好用绝缘工具操作。

2）高压应先操作断路器而不应先操作隔离开关切断电源；低压应先操作磁力启动器而不应先操作闸刀开关切断电源，以免引起弧光短路。

3）切断电源的地点选择要适当，以防止切断电源后影响灭火工作。

4）剪断电线时，不同相电位应在不同部位剪断，以免造成短路；剪断空中电线时，剪断位置应选择在电源方向的支持物附近，以防止电线切断后掉落下来造成接地短路和触电事故。

（3）设备带电灭火的处置

为了争取灭火时间，防止火灾扩大，在来不及断电，或因需要或其他原因不能断电，则需要带电灭火。带电灭火应注意以下几点：

1）应按灭火剂的种类选择适当的灭火器。二氧化碳、四氯化碳、二氟一氯一溴甲烷（即1211）、二氟二溴甲烷或干粉灭火器的灭火剂都是不导电的，可用于带电灭火。泡沫灭火器的灭火剂（水溶液）有一定的导电性，而且对电气设备的绝缘有影响，不宜用于带电灭火。

2）用水枪灭火时宜采用喷雾水枪，这种水枪通过水柱的泄漏电流较小，用于带电灭火比较安全；用普通直流水枪灭火时，为防止通过水柱的泄漏电流进入人体，可以将水枪喷嘴接地，也可以让灭火人员穿戴绝缘手套和绝缘靴或穿均压服操作。

3）人体与带电体之间要保持必要的安全距离。用水灭火时，水枪喷嘴至带电体的距离：电压110 kV及以下者不应小于3 m，220 kV及以上者不应小于5 m。用二氧化碳等不导电的灭火器时，机体、喷嘴至带电体的最小距离：10 kV者不应小于0.4 m，36 kV者不应小于0.6 m。

模块一 钳工职业属性

若你身边同伴发生触电事故,应如何采取应急措施?

4. 安全管理流程图解

在企业安全管理中,一般通过大量的图解来告知安全管理工作实施流程,分解安全目标,使安全管理人员和企业员工都能通过简单易懂的图文解答,了解安全工作的具体任务,所以本知识点中同学们不仅要熟悉上述理论知识,更要学会看懂安全管理流程图,以使我们在将来的企业生产中做到懂安全、知安全、能安全,并树立起良好的安全生产意识。

安全管理工作流程、安全信息处理流程和安全事故处理流程如图1-5、图1-6和图1-7所示。

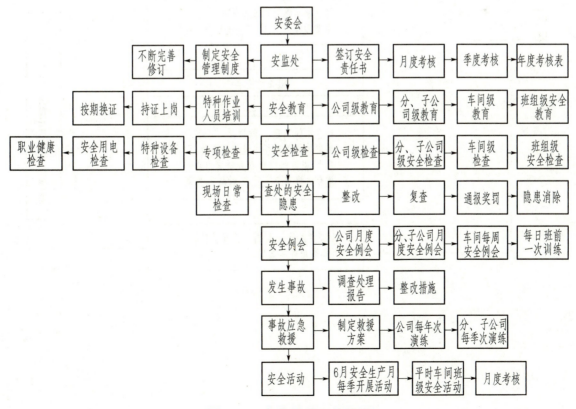

图1-5 安全管理工作流程

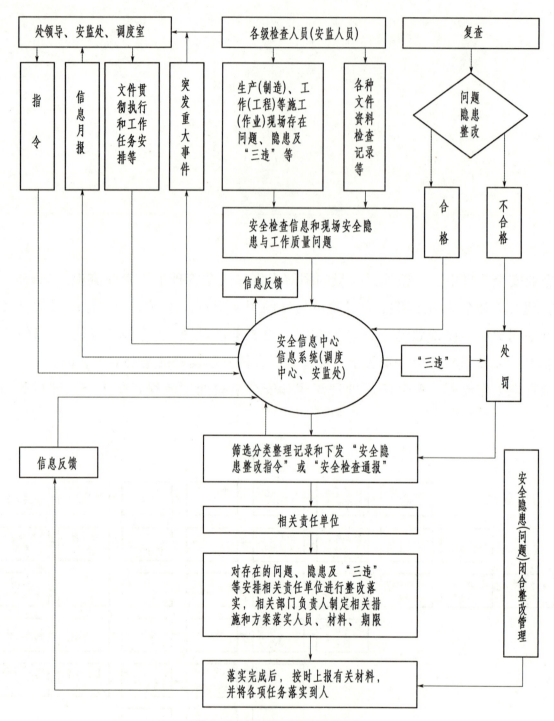

图1-6 安全信息处理流程

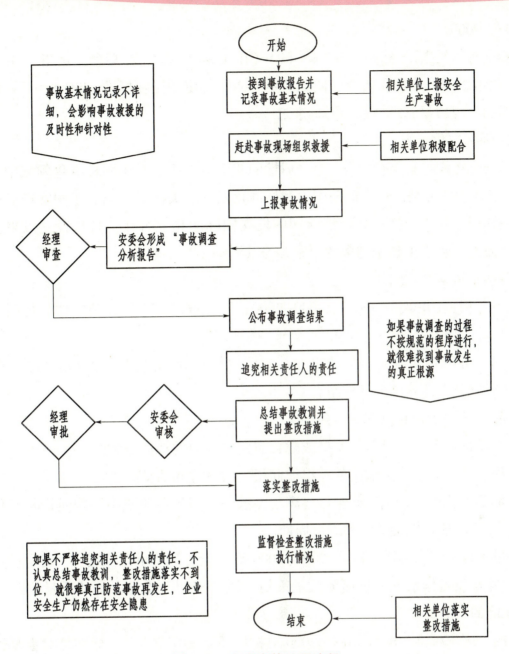

图1-7 安全事故处理流程

三、生产质量管理

本节针对本单元中涉及的质量管理理论知识，列举一些质量管理中的常用名词供同学们学习了解。

1. 质量管理基本术语

为实现质量管理的方针目标，有效地开展各项质量管理活动，必须建立相应的管理体系，这个体系就叫质量管理体系。质量体系的基本组成部分为质量体系要素。某一组织内部建立的质量体系，称为质量管理体系。该组织对外建立的质量体系称为质量保证体系。

(1) ISO 9000

ISO 9000 标准是国际标准化组织（ISO）在 1994 年提出的概念，是指"由 ISO/Tc 176（国际标准化组织质量管理和质量保证技术委员会）制定的国际标准。ISO 9001 是 ISO 9000 族标准所包括的一组质量管理体系核心标准之一。

(2) 国际标准化组织

国际标准化组织简称 ISO，是一个全球性的非政府组织，是国际标准化领域中一个十分重要的组织。ISO 的任务是促进全球范围内的标准化及其有关活动，以利于国际产品与服务的交流，以及在知识、科学、技术和经济活动中发展国际的相互合作。自从设立以来，它表现出了强大的生命力，吸引了越来越多的国家参与其活动。

2. 质量活动重要名词解释

1) 质量：根据国家标准 GB/T 19000-2000，质量被定义为"反映实体满足明确或隐含需要的能力的特性总和"。

2) 实体：可单独描述和研究的事物，它可以是活动和过程，可以是产品，也可以是组织、体系、人以及上述各项的任何组合。

3) 产品：某一活动和过程的结果。

4) 产品质量：反映产品满足明确或隐含需要的能力的特性总和。

5) 过程：将输入转化为输出的一组彼此相关的资源和活动。

6) 质量环：从最初识别需要到最终满足要求和期望的各阶段中影响质量相互作用活动的概念模式，又称为质量螺旋或产品寿命周期。

7) 质量管理：国家标准 GB/T 19000-2000 给质量管理下的定义是："确定质量方针、目标和职责，并在质量体系中通过诸如质量策划、质量控制、质量保证和质量改进使其实施的全部管理职能的所有活动"。

8) 标准：国家标准 GB/T 19000-2000 对标准所下的定义是："标准是对重复性事物和概念所做的统一规定，它以科学、技术和实践经验的综合为基础，经过有关方面协商一致，由主管机构批准，以特定的形式发布，作为共同遵守的准则和依据"。

9) 标准化：国家标准 GB/T 3951-1983 对标准化下的定义是："在经济、技术、科学及管理等社会实践中，对重复性事物和概念，通过制定、发布和实施标准，达到统一，以获得最佳秩序和社会效益"。

10) 质量信息：反映企业产品质量和产供销各个环节的基本数据、原始记录以及在产品使用过程中反映处理的各种情报资料。它是质量管理的耳目，也是一项重要的资源。

11) 产品责任：制造者、销售者对用户使用该产品造成的伤亡、损害事故所应承担的法律责任。

12) 质量成本：企业为保证产品质量而支出的一切费用以及由于产品质量未达到既定的标准而造成的一切损失的总和，是衡量企业质量管理活动和质量体系有效性的依据。

13）不合格：又称不符合，没有满足某个规定的要求。

14）不满足：一种或多种质量特性或质量体系要素对规定要素的偏离或减少。

15）不合格的控制：对材料、零部件或成品不能满足规定要求时所采取的措施。

16）返修：对虽然可以不符合原规定要求，但为使其满足预期的使用要求的不合格品所做出的处置。

17）降级：对因外表或局部的质量问题达不到质量标准，又不影响主要性能的不合格品所进行的降低级别的处置。

18）报废：对无法修复或在经济上不值得修复的不合格品予以废弃的处置。

19）特许（或让步）：对使用和放行不符合规定要求的产品的书面认可。一般限于某些特定不合格特性在指定偏差内，并限于一定的期限或数量产品的发付。

20）返工：对不合格品采取的措施，使其满足规定的要求。

21）预防措施：为了防止潜在的不合格、缺陷或其他不希望情况的发生，消除其原因所采取的措施。

22）防止再发生：防止再次发生同样性质的不合格品。

23）纠正措施：为了防止已出现的不合格、缺陷或其他不希望发生的情况再次发生，消除其原因所采取的措施，实质上也是为了"防止再发生"。

24）三检：自检、互检、专检。

25）三按：按图纸、按工艺、按技术标准。

26）三不放过：原因未查明不放过、整改措施未落实不放过、事故责任人未受到教育不放过。

加工工件的过程中应该如何保证加工质量？

3. 质量管理控制过程图解

接下来，我们通过以下两个质量管理流程图，帮助同学们熟悉和了解企业产品在制造过程中的生产组织和质量控制，流程图如图1-8和图1-9所示。

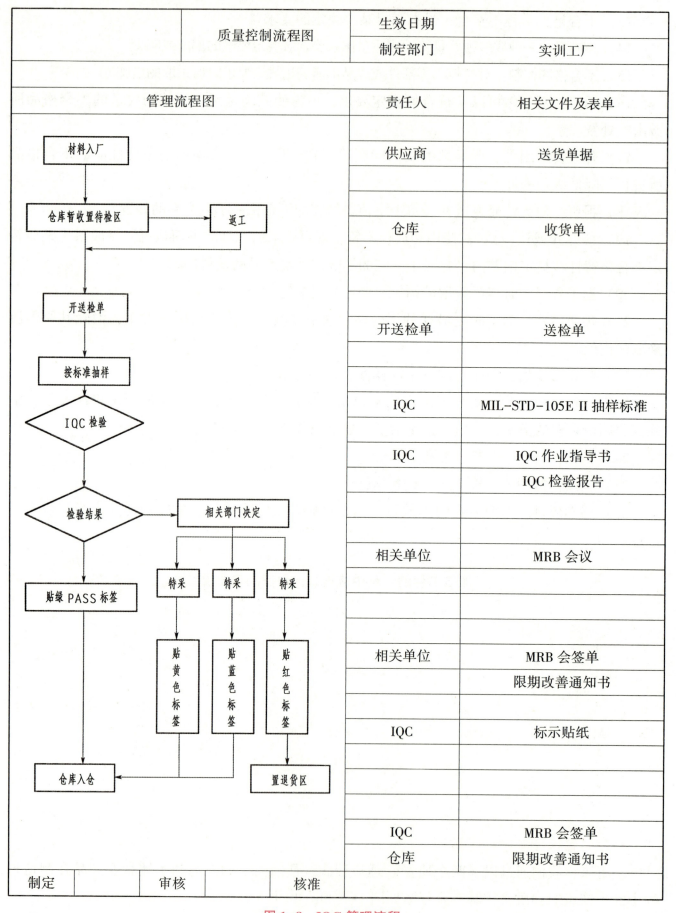

图 1-8 IQC 管理流程

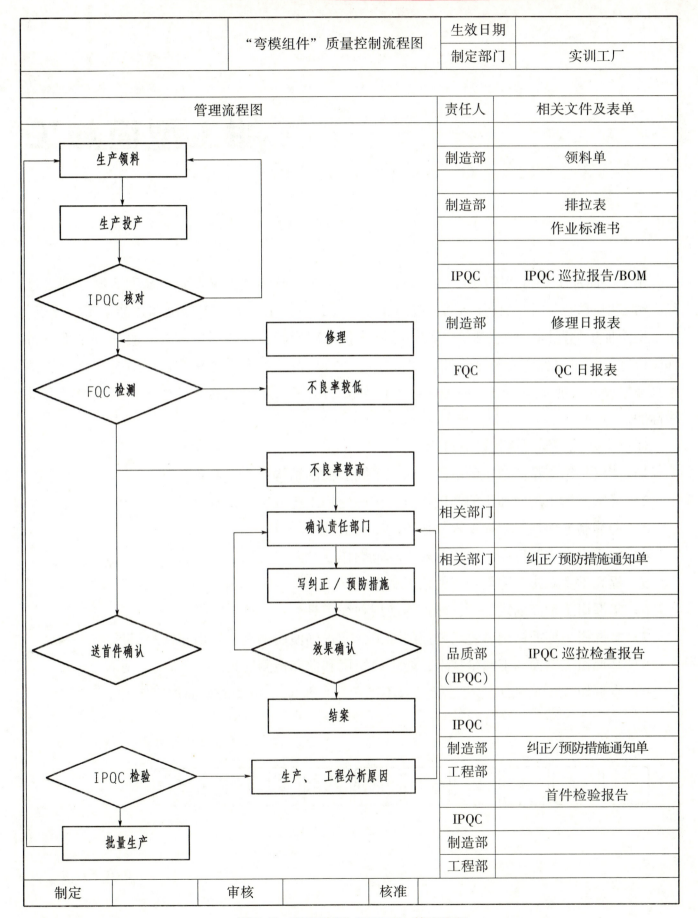

图 1-9 制程控制（IPQC）管理流程

模块二

钳工型面加工

钳工型面加工是指利用手工工具对物体的表面进行形状改造或表面粗糙度研磨处理的过程。钳工型面加工在钳工技能活动中应用非常广泛，也是本单元钳工理论和技能学习的重点。钳工型面加工的范围主要包括工件的外部形状和内部形状，这些形状主要有直角、平面、对称棱边等，学习过程中涉及理论知识和实操部分的知识点不多，容易掌握，适合初级阶段学生兴趣培养和技能知识学习。但是，对于初次接触钳工专业知识的学生而言，其还是具有挑战性的。

通过本单元的学习达到以下目标。

1) 能清楚钳工型面加工的范围，认识不同型面的结构形式。
2) 能掌握钳工型面加工的基础技术，正确应用工艺方法和技术手段。
3) 能编制型面加工中简单零件加工的工艺文件。
4) 熟悉安全文明生产，能进行安全规范操作。
5) 提高学生对钳工型面加工的认识和兴趣。
6) 掌握钳工型面划线加工，能正确使用划线工具。
7) 掌握钳工型面锯割、錾切和锉削加工，能正确使用锯割、錾切和锉削工具。
8) 掌握钳工型面加工测量技术，能正确使用和保养检测器具。
9) 掌握钳工型面加工工艺，能完成不同角度、形状、精度的型面加工工件。

【单元学习流程】

| 划线 | 锯割 | 锉削 | 錾削 | 测量方法 | 安全控制 | 制作多角样板 | 制作E字板 | 制作工形板 | 型面加工 |

单元一　钳工型面加工工艺认知

一、划线

根据图样或实物尺寸，在毛坯或工件上，用划线工具划出加工轮廓线和点的操作称为划线。只需在一个平面上划线即能满足加工要求的，称为平面划线；需同时在工件几个不同方向的表面划线才能满足加工要求的，称为立体划线。单件及中小批量生产中的铸、锻件毛坯和形状较复杂的零件，在切削加工前通常均需要划线。

1. 划线的作用

划线有以下几个作用：

1）确定工件上各加工面的加工位置和加工余量。

2）全面检查毛坯的形状和尺寸是否满足加工要求。

3）当在坯料上出现某些缺陷的情况下，往往可通过划线时的"借料"方法，起到一定的补救作用。

4）在板料上划线下料，可合理安排和节约使用材料。

学生将表2-1中划线的应用范围补充完整。

表2-1　划线的应用范围（学生完善内容）

平面划线：
立体划线：

2. 划线需要的工具

划线需要用到的工具如表2-2所示。

表2-2　划线需要的工具

名称	图例	使用介绍
划线平台		划线平台又称平板，是用来安放工件和划线工具，并在其工作表面上完成划线过程的基准工具

续表

名称	图例	使用介绍
划线方箱		方箱通常带有V形槽并附有夹持装置,用于夹持尺寸较小而加工面较多的工件。通过翻转方箱,能实现一次安装后在几个表面划线的工作
V形铁		V形铁主要用于安放轴、套筒等圆形工件,以确定中心并划出中心线
直角铁		直角铁有两个经过精加工的互相垂直平面,其上的孔或槽用于固定工件时穿压板螺钉
千斤顶		千斤顶用于支撑较大的或形状不规则的工件,常三个一组使用,其高度可以调节,以便于找正
划针		用来在工件上划线条,一般用的弹簧钢或高速钢制成,尖端磨成10°~20°的尖角,经淬火处理
划线盘		划线盘用于在划线平台上对工件进行划线或找正工件位置。使用时一般用划线针的直头端划线,弯头端用于对工件进行找正

续表

名称	图例	使用介绍
划规	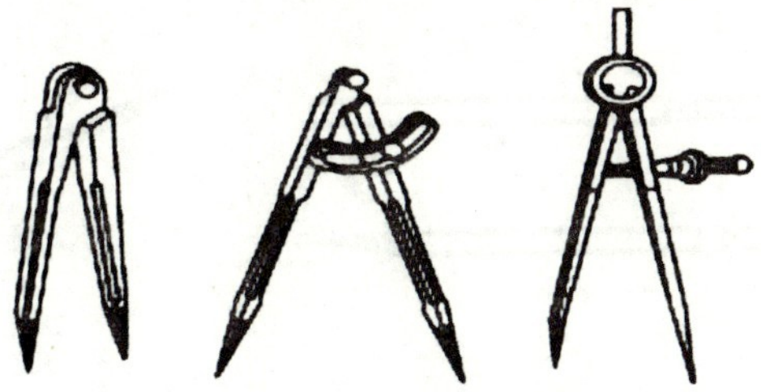	用于划圆和圆弧线、等分线段、量取尺寸等
样冲		用于在工件所划线条上打样冲眼，作为加强界限标志和划圆弧或钻孔时的定位中心
高度游标卡尺	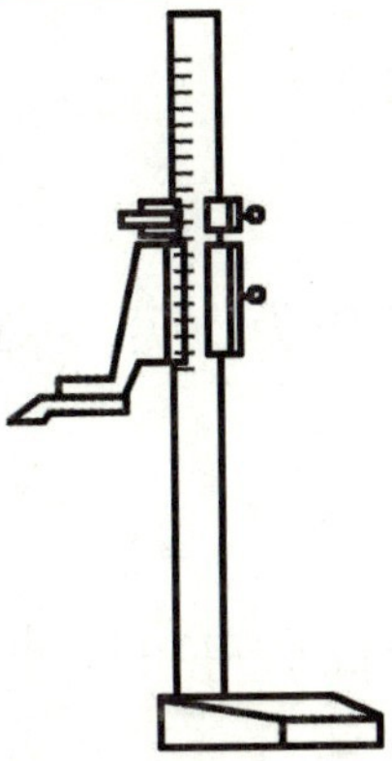	高度游标卡尺是精密的量具及划线工具，可用来测量高度尺寸，其量爪可直接划线

3. 划线的技术关键点

划线操作有以下几个关键点。

（1）划线平台的使用（见图 2-1）

1）安装时，应使工作表面保持水平位置，以免日久变形。

2）要经常保持工作面清洁，防止铁屑、砂粒等划伤平台表面。

3）平台工作面要均匀使用，以免局部磨损。

4）平台在使用时严禁撞击和用锤敲。

5）划线结束后要把平台表面擦净，上油防锈。

（2）划针的使用（见图 2-2）

1）划线时，针尖要紧靠导向工具的边缘，上部向外侧倾斜 10°～20° 的同时，向划线移动方向倾斜 45°～75°。

2）针尖要保持尖锐，划线要尽量一次完成。

3）不用时，应按规定妥善放置，以免扎伤自己或造成针尖损坏。

（3）划线盘的使用（图 2-3）

1）划线时，划针应尽量处在水平位置，伸出部分应尽量短些。

2）划线盘移动时，底面始终要与划线平台表面贴紧。

3）划针沿划线方向与工件划线表面之间保持夹角 45°～75°。

4)划线盘用毕,应使划针处于直立状态。

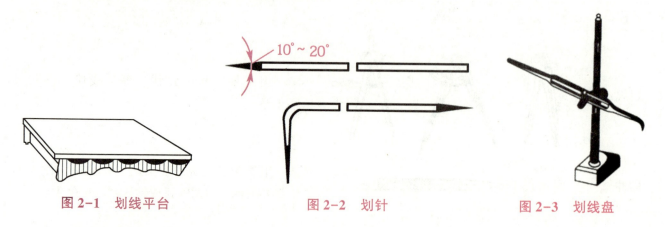

图 2-1 划线平台　　　　图 2-2 划针　　　　图 2-3 划线盘

(4) 划规的使用（见图 2-4）

1) 划规脚应保持尖锐,以保证划出的线条清晰。

2) 用划规划圆时,作为旋转中心的一脚应加较大的压力,另一脚以较轻的压力在工件表面上划出圆或圆弧。

(5) 样冲的使用（见图 2-5）

1) 冲点时,先将样冲外倾使其尖端对准线的正中,然后再将样冲立直,冲点。

2) 冲眼应打在线宽之间,且间距要均匀;在曲线上冲点时,两点间的距离要小些,在直线上的冲点距离可大些,但短直线至少有三个冲点,在线条交叉、转折处必须冲点。

3) 冲眼的深浅应适当。薄工件或光滑表面冲眼要浅,孔的中心或粗糙表面冲眼要深些。

(6) 高度游标卡尺的使用（见图 2-6）

1) 一般限于半成品的划线,若在毛坯上划线,则易损坏其硬质合金的划线脚。

2) 使用时,应使量爪垂直于工件表面并一次划出,而不能用量爪的两侧尖划线,以免侧尖磨损,降低划线精度。

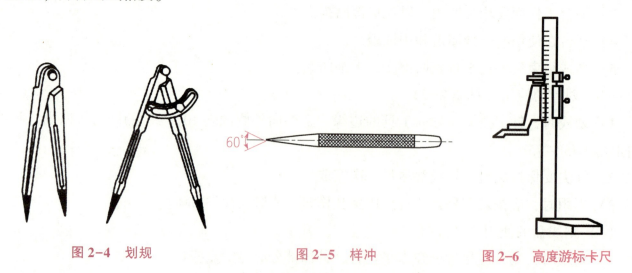

图 2-4 划规　　　　图 2-5 样冲　　　　图 2-6 高度游标卡尺

4. 划线操作

进行划线操作时要注意以下两点。

（1）找正与借料

找正就是利用划线工具使工件的毛坯表面处于合适的位置。找正应注意以下几点。

1）要尽量使毛坯的不加工表面与加工表面的厚度均匀。

2）当毛坯上的表面均为加工表面时，应对各加工表面的自身位置找正后才能划线，以使各处的加工余量尽量均匀。

借料就是通过试划和调整，使各个加工面的加工余量合理分配，互相借用，从而保证各个加工面都有足够的加工余量，可在加工后排除铸、锻件原来存在的误差和缺陷。

（2）确定划线基准

所谓基准，即工件上用来确定其他点、线、面位置的依据（点、线、面）。划线基准确定的原则如下：

1）划线基准应与设计基准一致，且划线时必须先从基准线开始。

2）若工件上有已加工表面，则应以已加工表面为划线基准。

3）若工件为毛坯，则应选重要孔的中心线等为划线基准。

4）若毛坯上无重要孔，则应选较平整的大平面为划线基准。

一般情况下，有三种基准确定方法：以两个相互垂直的平面为基准、以两条相互垂直的中心线为基准和以一个平面与一条中心线为基准，如图2-7所示。但是在确定划线基准的过程中，必须结合加工工件的实际情况综合考量，即以主要的边、面、孔、线作为选择划线基准的关键因素；其次，针对复杂工件的划线还需要通过采取一定的夹具辅助找正来制定划线基准。

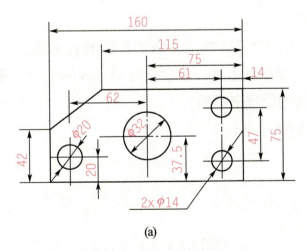

(a)

图2-7 基准确定方法

（a）以两个相互垂直的平面为基准

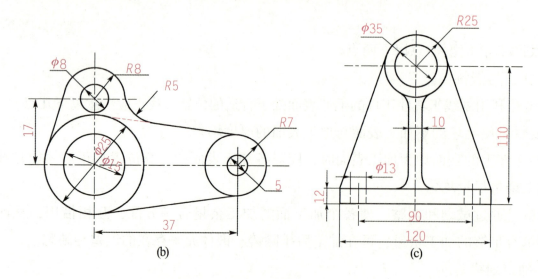

图 2-7 基准确定方法（续）

（b）以两条相互垂直的中心线为基准；（c）以一个平面与一条中心线为基准

5. 划线的六大步骤

划线操作可以分为以下 6 个步骤：

1）看清并分析图样与实物，确定划线基准，检查毛坯质量。

2）清理毛坯上的氧化皮、粘砂、飞边、油污，去除已加工工件上的毛刺等。

3）在需要划线的表面涂上适当的涂料。一般铸锻件毛坯涂石灰水，钢和铸件的半成品涂蓝油、绿油或硫酸铜溶液，非铁金属工件涂蓝油或墨汁。

4）确定孔的圆心时预先在孔中安装塞块。

5）划线顺序：基准线、水平线/垂直线、斜线/圆、圆弧线。

6）划线完毕并检验后在所需位置打样冲眼。

6. 型面划线过程的举例

通过前面划线工艺方法的学习认知，清楚了划线的技术点，接下来，我们将在尺寸为 30 mm×30 mm×8 mm 的正方形板料上画一个边长为 11 mm 的正六边形（注：可以利用正六边形的边长等于其外接圆半径的原理来画图）。

（1）正六边形的画法要求（见表 2-3）

表 2-3 正六边形的画法要求

主要任务	要求
	1）运用正六边形的边长等于外接圆半径的原理来确定画法； 2）运用平面和立体划线的方法刻画线条； 3）运用划规加划线平板构成划线支撑

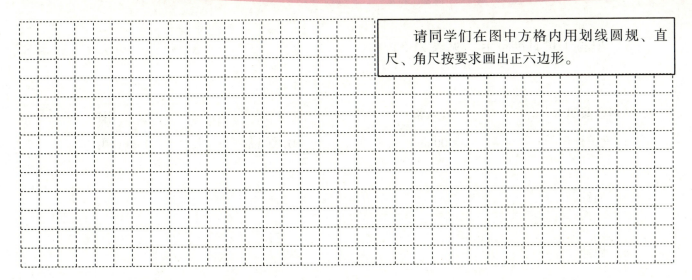

（2）正六边形的画线步骤（见表2-4）

表2-4 正六边形的画线步骤

工艺过程	步骤（学生空格处填写）
○	
⊖	
⊛	
⬡	

(3) 填写工量具准备卡（见表 2-5）

表 2-5　工量具准备卡

所需量具	规　格	精度	用途
高度游标尺	300 mm	0.02 mm	刻划中心线
划针			
样冲			

二、锯割

锯割是用手锯把金属材料（或工件）分割开来或锯出沟槽的操作，如图 2-8 所示。

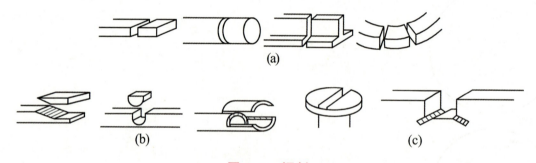

图 2-8　锯割

(a) 分割材料；(b) 锯掉多余部分；(c) 锯槽

锯割主要完成切断、开槽等工作，如锯断各种原材料或半成品、锯除工件上的多余部分和在工件上锯槽。

1. 锯割工具

锯割的主要工具是手锯。手锯由锯弓和锯条构成，将锯条装于锯弓上就成了手锯。

(1) 锯弓

锯弓有固定式和可调式两种，如图 2-9 所示。固定式锯弓的安装距离不可调整，只能安装一种长度的锯条；可调式锯弓的安装距离可以调整，通过调整可以安装几种长度的锯条，使用比较方便，并且可调式锯弓的锯柄形状便于用力，所以目前被广泛使用。

锯弓由手柄、梁身和夹头组成。锯弓两端都装有夹头，与锯弓的方孔配合，一端是固定的，一端为活动的。当锯条装在两端夹头的销子上后，旋紧活动夹头上的翼形螺母就可以把锯条拉紧。

图 2-9 锯弓

(a) 可调式；(b) 固定式

(2) 锯条

锯条（见图 2-10）一般用碳素工具钢、合金工具钢或渗碳软钢冷轧制成，并经热处理淬硬。

锯齿：锯条上的凸起部分。

锯条一般单面有齿，它的一边开有许多锯齿，构成切削部分，相当于一排同样形状的錾子。为了减小锯条的内应力、充分利用锯条材料，目前已出现双面有齿的锯条。两边锯齿淬硬，中间保持较好韧性，不易折断，可延长使用寿命。

锯齿的切削角度为前角 0°，后角 40°，楔角 50°。为了使锯削获得较高的工作效率，必须使切削部分具有足够的容屑槽，因此锯齿的后角较大。

图 2-10 锯条

锯齿的粗细：锯齿的粗细是以锯条每 25 mm 长度内的齿数来表示的。锯条根据锯齿的牙距大小，有细齿（1.1 mm）、中齿（1.4 mm）和粗齿（1.8 mm）之分，使用时应根据所锯材料的软硬、厚薄来选用。

锯路指锯齿左右斜错开的排列形式，目的是减小锯缝两侧面对锯条的摩擦阻力，避免锯条被夹住或折断。锯条在制造时，使锯齿按一定的规律左右斜错开，排列成一定形状，形成了锯齿的不同排列形式，称为锯路。锯路有交叉形和波浪形等。锯条有了锯路以后，使工件上的锯缝宽度大于锯条背部的厚度，从而防止"夹锯"和锯条过热，并减少了锯条磨损。

选择粗细合适的锯条，是保证锯割质量和效率的重要条件。选择锯齿粗细的主要依据是工件材料的硬度、强度、厚度及切面的形状大小等。各种类型锯齿的用途如表 2-6 所示。

表 2-6 各种类型锯齿的用途

锯齿粗细	每 25 mm 齿数	用途
粗	14~18	锯软钢
中	22~44	一般适用于中等硬性钢、硬质轻合金、黄铜、厚壁管子
细	32	锯板材、薄壁管子
从细齿变为中齿	32~20	一般用于工厂，易起锯

1) 软而切面大的工件用粗齿锯条。一般来说，粗齿锯条的容屑槽较大，适用于锯割软材料或较大的切面。因为这种情况每锯一次的切屑较多，只有大容屑槽才不致发生堵塞而影响

锯割效率，如锯割紫铜、青铜、铝、铸铁、低碳钢和中碳钢等软材料，以及较厚的材料时应选用粗齿锯条。

2）硬而切面较小的工件应用细齿锯条。因硬材料不易锯入，每锯一次切屑较少，不易堵塞容屑槽，细齿锯同时参加切削的齿数增多，可使每齿担负的锯削量小，锯削阻力小，材料易于切除，推锯省力，锯齿也不易磨损。如锯割工具钢、合金钢等硬材料或各种薄壁管子、薄板料、小尺寸型钢、钢丝缆绳等薄的材料时应选用细齿锯条。

3）锯割中等硬度的材料用中齿锯条，如中等硬度的钢、黄铜、铸铁、厚壁管及大、中尺寸的型钢。

根据锯割形状选择合适的刀具，并填入表2-7中。

表2-7 根据锯割形状选择刀具

锯割形状	刀具

安装锯条时应使锯条齿尖的方向朝前，且松紧适当，如图2-11所示。

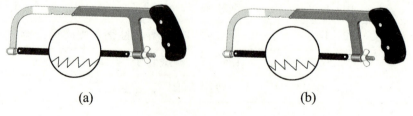

图2-11 锯条安装

（a）安装正确；（b）安装错误

手锯在向前推进时才起切削作用，回程时不起切削作用，因此锯条安装应使齿尖朝向前推的方向，这样在前推时切割金属，工作平稳且用力方便。如果装反，则锯齿前角为负值，切削困难，就不能正常锯割了。锯条的松紧也要控制适当，它由锯弓上的蝶形螺母调节。在调节锯条松紧时，蝶形螺母不宜旋得太紧或太松，太紧时锯条受预拉伸力太大，在锯割中用力不当，稍有阻力发生弯曲时就会崩断；太松则锯割时锯条容易扭曲，也易折断，而且锯出的锯缝容易歪斜。其松紧程度可用手扳动锯条，感觉硬实即可。锯条安装后，要保证锯条平面与锯弓中心平面平行，不得倾斜和扭曲，否则锯割时锯缝极易歪斜。

装好的锯条应与锯弓保持在同一中心面内，这样容易使锯缝正直。

在表 2-8 中按要求填写锯齿和锯路的作用。

表 2-8　锯齿、锯路的作用

要求	锯齿、锯路的作用
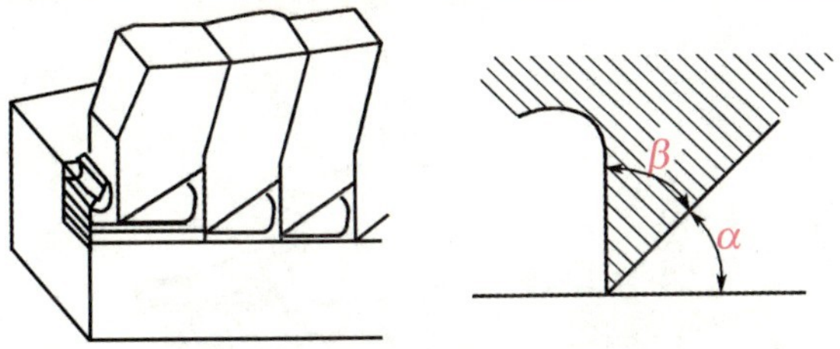 锯齿角度	
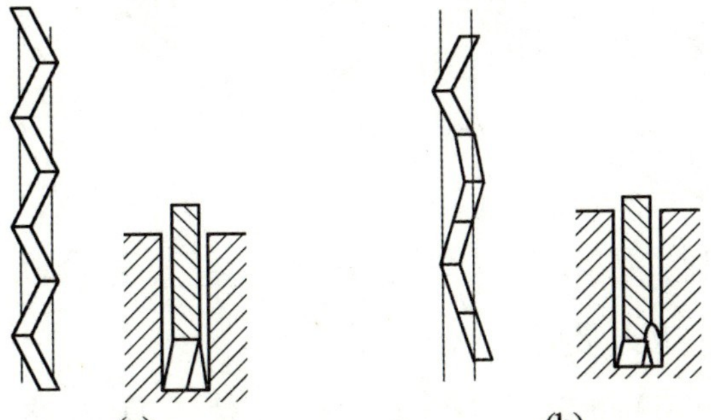 锯路 (a) (b)	

2. 锯割工艺应用

（1）手锯的使用要求

使用手锯时要注意以下几点。

1）锯割时可给锯条加油润滑冷却。在锯割钢件时，可加些机油，以减少锯条与锯割断面的摩擦并能冷却锯条，以提高锯条的使用寿命。

2）锯条安装要松紧适当，用力均匀。锯条要装得松紧适当，锯割时不要突然摆动过大、用力过猛，以防止工作中锯条折断而从锯弓上崩出伤人。

3）要及时修整磨光已崩裂的锯齿。当锯条局部几个齿崩裂后，应及时在砂轮机上进行修整，即将相邻的 2~3 齿磨低成凹圆弧，并把已断的齿部磨光。如不及时处理，则会使崩裂齿的后面各齿相继崩裂。

4）工件将锯断时，用力要小。工件将要锯断时，压力要小，以避免因压力过大而使工件突然断开，导致手向前冲造成事故。一般工件将要锯断时，要用左手扶住工件断开部分，避免掉下砸伤脚。

5）锯割完毕应将锯条放松保存。锯割完毕，应将锯弓张紧螺母适当放松，卸除锯条的张紧力。但不要拆下锯条，以防锯弓上零件失散，并将其妥善放好。

（2）锯割的动作要领

进行锯割操作时有以下几个要领。

1）手锯握法。握手锯时，右手满握手柄，左手轻扶在锯弓前端，如图2-12所示。

2）锯割姿势。锯割时的站位和身体摆动姿势如图2-13所示，摆动要自然。

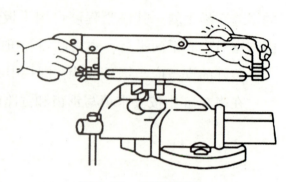

图2-12　手锯握法

(a)　　　　　　　(b)　　　　　　　(c)　　　　　　　(d)

图2-13　锯割姿势

3）施力方法。锯割时推力和压力均由右手控制，左手压力不要过大，主要配合扶正锯弓。推锯时施加压力，回程时不加压力，工件将断时压力要小。

4）锯割运动。锯割运动一般采取小幅度的上下摆动式运动。推锯时，身体略向前倾，双手随着压向手锯的同时，左手上翘，右手下压；回程时，右手上抬，左手顺其自然地跟回运动。锯薄形工件或直槽时，采用直线运动。推锯时应使锯条的全部长度都用到，一般往复长度不应少于锯条全长的三分之二。

5）锯割速度。锯割速度一般以每分钟往复20~40次为宜，锯割行程应保持匀速，返回行程速度应快些。锯硬材料时速度要慢，锯软材料时速度可快些。

6）起锯。起锯是锯削工作的开始，直接影响锯削质量。总的来说，起锯的方式有远边起锯和近边起锯两种，一般情况下采用远边起锯，因为此时锯齿是逐步切入材料，不易被卡住。如采用近起锯，掌握不好时，锯齿由于突然锯入较深，容易被工件棱边卡住，造成崩断或崩齿。无论采用哪一种起锯方法，起锯角α均以15°为宜。如起锯角太大，则锯齿易被工件棱边卡住；起锯角太小，则不易切入材料，锯条还可能打滑，把工件表面锯坏。

为了使起锯的位置准确和平稳，可用左手大拇指挡住锯条来定位。起锯时压力要小，往返行程要短,速度要慢,这样可使起锯平稳,如图2-14和图2-15所示。

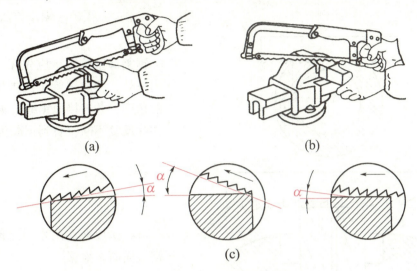

图 2-14 起锯操作示意

(a) 远起锯;(b) 近起锯;(c) 起锯角太大或太小

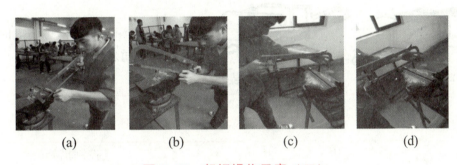

图 2-15 起锯操作示意(二)

(a) 远起锯;(b) 近起锯;(c) 平衡锯;(d) 轻收锯

7) 不同材料的锯割。不同材料的锯割方法见表2-9。

(3) 锯割操作关键点

锯条损坏的原因及控制措施见表2-10。

锯割产生废品的主要原因和预防措施如表2-11所示。

表 2-9 不同材料的锯割方法

材料	图例	锯割方法
棒料		若要求锯割断面平整,则应从开始起连续锯到结束。若断面要求不高,可分几个方向锯下,锯到一定程度后用手锤将棒料击断

续表

材料	图例	锯割方法
管子		锯割薄壁管时，应先在一个方向锯到管子内壁处，然后把管子向推锯的方向转过一定的角度，并连接原锯缝再锯到管子的内壁处，如此反复不断，直到锯断为止
薄板		可将薄板夹在两木块之间进行锯割，或手锯做横向斜推锯
深缝锯割	(a) 锯条转过90° (b) 重新装夹	当锯缝深度超过锯弓高度时，可将锯条转过90°，重新装夹后再锯

表 2-10 锯条损坏的原因及控制措施

锯条损坏形式	原因	控制措施
锯齿崩断	1）锯齿的粗细选择不当； 2）起锯方法不正确； 3）突然碰到砂眼、杂质或突然加大压力	1）根据工件材料的硬度选择锯条的粗细；锯薄板或薄壁管时，选细齿锯条； 2）起锯角要小，远起锯时用力要小； 3）碰到沙眼、杂质时，用力要减小；锯削时避免突然加压； 4）发现锯齿崩裂，立即在砂轮上小心将其磨掉，且对后面相邻的 2~3 个齿高做过度处理，避免齿的尺寸突然变化
锯条折断	1）锯条安装不当； 2）工件装夹不正确； 3）强行借正歪斜的锯缝； 4）用力太大或突然加压力； 5）新换锯条在旧缝中受卡后被拉断	1）锯条松紧要适当； 2）工件装夹要牢固，伸出端尽量短； 3）锯缝歪斜后，将工件调向再锯，不可调向时要逐步借正； 4）用力要适当； 5）新换锯条后，要将工件调向锯削，若不能调向，要较轻较慢地过渡，待锯缝变宽后再正常锯削
锯齿过早磨损	1）锯削速度太快； 2）锯削硬材料时未进行冷却、润滑	1）锯削速度要适当； 2）锯削钢件时应加机油，锯削铸件时加柴油，锯其他金属材料时可加切削液

表 2-11 锯割产生废品的原因及预防措施

废品形式	原因	预防措施
锯缝歪斜	1）锯条装得过松； 2）目测不及时	1）适当绷紧锯条； 2）安装工件时使锯缝的划线与钳口外侧平行，锯削过程中经常进行目测；
尺寸过小	1）划线不正确； 2）锯削线偏离划线	1）按图样正确划线； 2）起锯和锯削过程中始终使锯缝与划线重合
起锯时工件表面被拉毛	1）起锯方法不对 2）锯削时锯条弹出	1）起锯时左手大拇指要挡好锯条，起锯角度要适当； 2）待有一定的起锯深度后再正常锯削，以避免锯条弹出

3. 型面锯割的应用举例

（1）正六边形的锯割要求（见表 2-12）

表 2-12 正六边形的锯割要求

主要任务	要求
	1）根据锯割件的公差要求规划锯路； 2）根据锯割材料合理选择锯条； 3）根据材料形状合理选择装夹方式

（2）正六边形的锯削步骤（见表 2-13）

表 2-13 正六边形锯割的步骤

步骤（学生空格处填写）

（3）填写工量具准备卡（见表2-14）

表2-14 工量具准备卡

所需工量具	规　格	精度	用途
手锯			
锯条			

三、锉削

锉削是用锉刀对工件表面进行切削加工，使工件达到所要求的形状、尺寸和表面粗糙度的一种加工方法。锉削加工是钳工最常用的操作方法之一，其主要用于机床修配、零件制造等机械加工领域，也是体现钳工技能的主要方面。

1. 锉削刀具

锉削刀具主要指锉刀，如图2-16所示。

（1）锉刀的制造材料

锉刀一般用碳素工具钢T12或T13制成，经热处理后切削部分硬度达HRC 62~72，是一种标准工具。

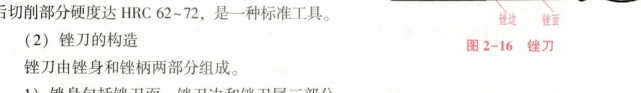

图2-16 锉刀

（2）锉刀的构造

锉刀由锉身和锉柄两部分组成。

1）锉身包括锉刀面、锉刀边和锉刀尾三部分。

①锉刀面：锉刀的上下两面，是锉削的主要工作面。锉刀面在前端做成凸弧形，上下两面都有锉齿，便于进行锉削。锉刀面在前端做成凸弧形的目的是抵消锉削时由于两手上下摆动而产生的表面中凸现象，以便将工件锉平。

②锉刀边：锉刀的两个侧边，有齿边和光边之分。齿边可用于切削，光边只起导向作用。有的锉刀两边都没有齿，有的其中一个边有齿。没有齿的一边叫光边，其作用是在锉削内直角形的一个面时，用光边靠在已加工的面上去锉另一直角面，以防止碰伤已加工表面。

③锉刀尾（舌）：用来装锉刀柄。锉刀尾不经淬火处理。

2）锉柄的作用是便于锉削时握持以传递推力，通常是木质的，在安装孔的一端应有铁箍。

（3）锉齿和锉纹

锉齿是锉刀用以切削的齿型。锉削时每个锉齿相当于一把錾子，通常对金属材料进行切削。锉齿的齿形有剁齿和铣齿两种。剁齿由剁锉机剁成,铣齿由铣齿机铣成。剁齿锉刀加工方便,成本低,但刀齿较钝,相应锉削阻力大,不过刀齿不易磨损,可切削较硬金属。铣齿锉刀加工较费时,成本较高,但刀齿锋利,但由于其刀齿易磨损,故只宜切削软金属。锉齿的粗细规格是按锉刀齿纹的齿距大小来表示的。粗锉刀齿距大,细锉刀齿距小。

齿距粗细等级按照锉纹齿距分以下几种:1号锉纹用于粗锉刀,齿距为2.3~0.83 mm;2号锉纹用于中粗锉刀,齿距为0.77~0.42 mm;3号锉纹用于细锉刀,齿距为0.33~0.25 mm;4号锉纹用于双细锉刀,齿距为0.25~0.20 mm;5号锉纹用于油光锉,齿距为0.2~0.16 mm。

锉齿的选用情况见表2-15。

表2-15 锉齿的选用

锉纹号	锉齿	适用场合			适用对象
		加工余量/mm	尺寸精度/mm	表面粗糙度 $Ra/\mu m$	
1	粗	0.5~1	0.2~0.5	100~25	粗加工或加工有色金属
2	中	0.2~0.5	0.05~0.2	12.5~6.3	半精加工
3	细	0.05~0.2	0.01~0.05	6.3~3.2	精加工或加工硬金属
4	油光	0.025~0.05	0.005~0.01	3.2~1.6	精加工时修光表面

锉纹是锉齿排列的图案,有单齿纹和双齿纹两种。

1) 单齿纹是指在锉刀上只有一个方向的齿纹,适用于锉削软材料。单齿纹多为铣制齿,正前角切削,齿的强度弱,全齿宽同时参加切削,锉除的切屑不易碎断,甚至与锉刀等宽,故切削阻力大,需要较大切削力,只适用于锉削软材料及窄面工件。

2) 双齿纹是指在锉刀上有两个方向排列的齿纹,适用于锉硬材料。双齿纹大多为剁齿,先剁上去的为底齿纹(齿纹浅),后剁上去的为面齿纹(齿纹深)。面齿纹与底齿纹的方向和角度不一样,这样形成的锉齿沿锉刀中心线方向倾斜及有规律地排列。锉削时,每个齿的锉痕交错而不重叠,锉面比较光滑。锉削时切屑是碎断的,从而减小切削阻力,使锉削省力,且锉齿强度也高。因此,双齿纹锉刀适于锉硬材料及宽面工件。

(4) 锉刀的种类

锉刀按刀齿的加工方法可分为剁齿锉刀与铣齿锉刀两种;按锉刀齿纹的排列可分为单齿纹锉刀与双齿纹锉刀两种;按其加工对象可分为普通锉刀、特种锉刀和整形锉刀三种,见表2-16。

表2-16 锉刀的种类

名称	实物图	主要用途
普通锉		普通锉又称钳工锉,一般需安装在木制柄中才能使用,用于锉削加工金属零件的各种表面

续表

名称	实物图	主要用途
特种锉		特种锉又称异形锉，用于对不同型腔进行精细加工
整形锉		整形锉又称什锦锉，用于对机械、模具、电器和仪表等零件进行整形加工，修整工件上细小部位的尺寸、形位精度和表面粗糙度

1) 普通锉刀主要用于一般工件的加工。按其断面形状不同，又分为平锉（板锉）、方锉、三角锉、半圆锉和圆锉五种，以适用于不同表面的加工，如图2-17所示。普通锉刀可按照每10 mm长度上齿纹的数量分为粗齿（4～12齿）、细齿（13～24齿）和油光齿（30～40齿）三种。

2) 特种锉刀用来加工零件特殊表面。有刀口锉、菱形锉、扁三角锉、椭圆锉和圆肚锉等。

3) 整形锉刀（组锉或什锦锉）主要用于细小零件、窄小表面的加工及冲模、样板的精细加工和修整工件上的细小部分。整形锉的长度和截面尺寸均很小，截面形状有圆形、不等

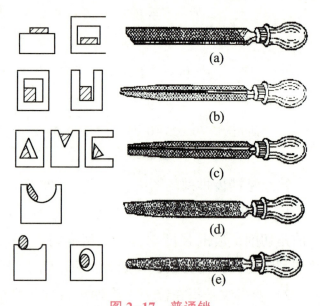

图 2-17 普通锉
(a) 平锉；(b) 方锉；(c) 三角锉；
(d) 半圆锉 (e) 圆锉

边三角形、矩形、半圆形等。它因分级配备各种断面形状的小锉而得名，通常以每组5把、6把、8把、10把、12把为一套。

(5) 锉刀的规格

锉刀的规格一般用锉刀有齿部分的长度表示。板锉常用的有100 mm、150 mm、200 mm、250 mm和300 mm等多种。锉刀的尺寸规格，不同的锉刀用不同的参数表示：圆锉刀的尺寸规格以直径表示，方锉刀的规格以方形尺寸表示，其他锉刀以锉身长度表示。

(6) 锉刀的选择

合理选用锉刀对提高锉削效率、保证锉削质量、延长锉刀使用寿命有很大影响。每种锉刀都有其一定的用途，锉削前必须认真选择合适的锉刀。如果选择不当，就不能充分发挥它

的效能或使其过早地丧失锉削能力，且不能保证锉削质量。

要根据加工对象的具体情况正确地选择锉刀，主要从以下几方面考虑：

1）锉刀的截面形状要和工件形状相适应。

2）粗加工选用粗锉刀，精加工选用细锉刀。粗锉刀适用于锉削加工余量大、加工精度低和表面粗糙度值大的工件；细锉刀适用于锉削加工余量小、加工精度高和表面粗糙度值小的工件；单齿纹锉刀适用于加工软材料。

3）锉刀粗细的选择取决于工件材料的性质、加工余量大小、加工精度和表面粗糙度要求的高低、工件材料的软硬等。粗锉刀（或单齿纹锉刀）由于齿距较大、容屑空间大，不易堵塞，适用于锉削加工余量大、加工精度低和表面粗糙度数值大的工件及锉削铜、铝等软金属材料；细锉刀适用于锉削加工余量小、加工精度高和表面粗糙度数值小的工件及锉削钢、铸铁等；油光锉用于最后的精加工、修光工件表面，以提高尺寸精度，减小表面粗糙度。

4）锉刀的长度一般应比锉削面长150～200 mm。锉刀尺寸规格的大小取决于工件加工面尺寸和加工余量的大小。加工面尺寸较大，加工余量也较大时，宜选用较长的锉刀；反之，则选用较短的锉刀。

> **为什么锉刀的长度一般应比锉削面长150～200 mm？**

2. 锉削的方法

（1）锉削的姿势和方法（见图2-18）

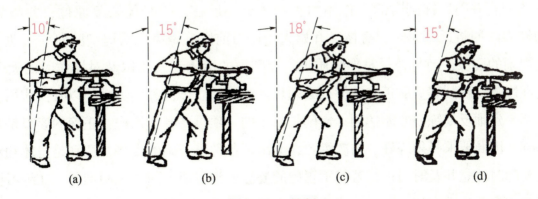

图2-18 锉削

(a) 开始锉削；(b) 锉刀推出1/3行程；(c) 锉刀推出2/3行程；(d) 锉刀行程推尽时

1）锉刀的握法。正确握持锉刀对于锉削质量的提高、锉削力的运用和发挥以及对操作时的疲劳程度都有一定的影响。由于锉刀的大小和形状不同，所以锉刀的握持方法也有所不同。

①大型锉刀的握法。大于250 mm板锉的握法：右手紧握锉刀柄，柄端抵在拇指根部的手

掌上，大拇指放在锉刀柄上部，其余手指由下而上地握紧锉刀柄；左手的基本握法是将拇指的根部肌肉压在锉刀头上，拇指自然伸直，其余四指弯向手心，用中指、无名指捏住锉刀前端。右手推动锉刀并决定推动方向，左手协同右手使锉刀保持平衡。

②中型锉刀的握法。对 200 mm 左右的中型锉刀，其右手握法与大锉刀的握法相同，左手用大拇指、食指、中指轻轻地扶持即可。

③小型锉刀的握法。150 mm 左右的小型锉刀，所需锉削力小，用左手大拇指、食指、中指捏住锉刀端部即可。150mm 以下的更小锉刀，只需右手握住即可。

2）站立姿势。两腿自然站立，身体重心稍微偏于后脚。身体与虎钳中心线大致成45°角，且略向前倾；左脚跨前半步（左、右两脚后跟之间的距离 250～300 mm），脚掌与虎钳成 30°角，膝盖处稍有弯曲，保持自然；右脚要站稳伸直，不要过于用力，脚掌与虎钳成 75°角，视线要落在工件的切削部位上。

3）锉削动作。如图 2-18 所示，开始锉削时，人的身体向前倾斜 10°左右，左膝稍有弯曲，右肘尽量向后收缩；锉削的前 1/3 行程中，身体前倾至 15°左右，左膝稍有弯曲；锉刀推出 2/3 行程时，右肘向前推进锉刀，身体逐渐向前倾斜至 18°左右；锉刀推出全程（锉削最后 1/3 行程）时，右肘继续向前推进锉刀至尽头，身体自然地退回到 15°左右；推锉行程终止时，两手按住锉刀，把锉刀略微提起，使身体和手回复到开始的姿势，在不施加压力的情况下抽回锉刀，再如此进行下一次的锉削。锉削时身体的重心要落在左脚上，右腿伸直、左腿弯曲，身体向前倾斜，两脚站稳不动，锉削时靠左腿的展伸使身体做往复运动。两手握住锉刀放在工件上面，左臂弯曲，小臂与工件锉削面的左右方向保持基本平行，右小臂要与工件锉削面的前后方向保持基本平行，且要自然。

锉削行程中，身体先与锉刀一起向前，右脚伸直并稍向前倾，重心在左脚，左膝部呈弯曲状态；当锉刀锉至约四分之三行程时，身体停止前进，两臂则继续将锉刀向前锉到头，同时左腿自然伸直并随着锉削时的反作用力将身体重心后移，使身体恢复原位，并顺势将锉刀收回。当锉刀收回将近结束时，身体又开始先于锉刀前倾，做第二次锉削的向前运动。

平面锉削的姿势正确与否，对锉削质量、锉削力的运用和发挥以及对操作时的疲劳程度都有着决定性影响。锉削姿势的正确掌握，必须从握锉、站立步位和姿势动作以及操作用力这几方面进行协调一致地反复练习才能达到。锉削是钳工的一项重要基本操作，正确的姿势是掌握锉削技能的基础，因此要求必须练好。初次练习，会出现各种不正确的姿势，特别是身体和双手动作不协调，要随时注意并及时纠正，若使不正确的姿势成为习惯，纠正就困难了。在练习姿势动作时，要注意掌握两手用力如何变化才能使锉刀在工件上保持直线的平衡运动。

4）锉削力和锉削速度。锉削平面时，两手用力使锉刀保持直线运动。推进锉刀时两手压在锉刀上的压力应做到平稳而不上下摆动，锉削时推力的大小由右手控制，而压力的大小则由两手控制。为了保持锉刀的平移，两手用在锉刀上的力应始终使锉刀保持平衡。为此，锉削时右手的压力要随锉刀推动而逐渐增加，左手的压力要随锉刀的推动而逐渐减小。回程时不加压力，以减少锉齿的磨损。

锉削速度一般应在40次/分钟左右,推出时稍慢,回程时稍快,动作要自然协调。

根据锉刀的用力分析工件的受力过程,见表2-17。

表2-17 分析工件的受力过程

锉刀的用力分析	工件受力过程

5) 锉削方法。锉削一般有以下几种方法,如图2-19所示。

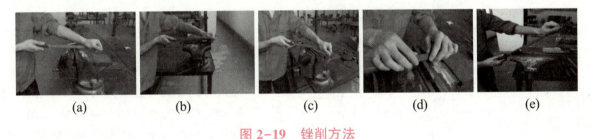

图2-19 锉削方法

(a) 顺向锉(普通锉);(b) 顺向锉(直锉);(c) 交叉锉;(d) 推锉;(e) 摆锉

①顺向锉(直锉法、普通锉法):指锉刀始终沿着同一方向运动的锉削。顺向锉的特点是锉痕平直、锉纹整齐美观,是一种最基本的锉削方法。顺向锉用于最后锉光及小平面的锉削,若锉削掌握不好,易产生中凸现象。在锉宽平面时,为使整个加工表面能均匀地锉削,每次退回锉刀时应在横向做适当的移动,以便使整个加工表面能均匀地锉削。

②交叉锉:指锉刀从两个交叉的方向对工件表面进行锉削的方法。

③推锉:两手对称地横握锉刀,两手大拇指均衡地用力推、拉锉刀进行锉削的方法。推锉法的特点是锉削表面平整、精度高、效率低。由于推锉时锉刀的平衡易于掌握,且切削量小,因此便于获得较平整的加工平面和较小的表面粗糙度,并能获得顺向锉纹。推锉法不能充分发挥手的推力,切削效率不高。推锉常用于精锉加工及修整锉纹等。由于推锉时的切削量很小,具体于加工余量较小、修正尺寸或锉刀推进受阻时使用。一般常用作对狭长小平面的平面度修整或对有凸台的狭平面和为使内圆弧面的锉纹成顺圆弧方向的精锉加工,以及修整锉纹等。

④摆锉:锉刀在沿外圆弧面向前推进的同时,还要沿外圆弧面摆动地进行锉削。在锉削外圆弧面时,锉刀除向前推进外,还要沿外圆弧面摆动。锉削时,锉刀向前,右手下压,左手随着上提。

摆锉能使圆弧面锉削光洁圆滑,但锉削位置不易掌握且效率不高,故适用于精锉圆弧面。

对平面、曲面和球面进行锉削的方法见表2-18。

(2) 锉削的顺序和原则

1) 平面锉削。平面锉削顺序通常按交叉锉、顺向锉、推锉的次序进行锉削加工。

平面锉削原则如下:

①锉削时,要做到锉削力的正确和熟练运用,且保持锉削时锉刀的直线平衡运动,在操作中就要集中注意力,用心地研究练习。

②用锉刀锉平面的技能技巧只有通过反复、多样性的刻苦练习才能形成。而掌握要领的练习,可加快掌握技能技巧的形成。

③细板锉一般能加工出表面粗糙度为 $Ra3.2\ \mu m$ 的表面。为了达到更光洁的加工面,可在锉刀的齿面涂上粉笔灰,使每锉的切削量减少,又可使锉屑不易嵌入锉刀齿纹内,锉出的加工面的表面粗糙度可达 $Ra1.6\ \mu m$。用细板锉做精加工表面时锉削力不需要很大。

表 2-18 对平面、曲面和球面进行锉削的方法

锉削表面	图例	说明
平面的锉削	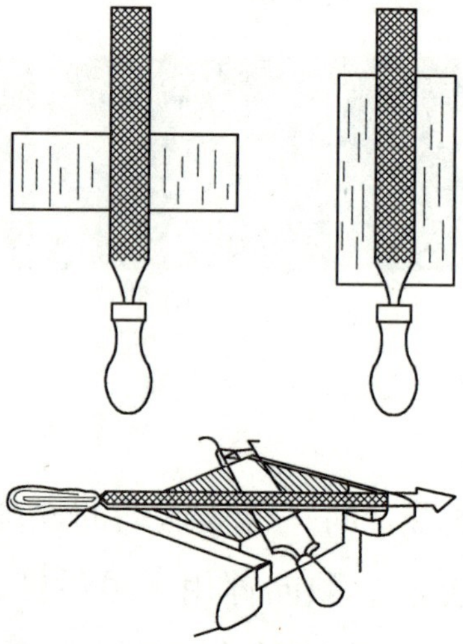	采用顺向锉法时,锉刀的运动方向与工件夹持方向始终一致。采用交叉锉法时,锉刀运动方向与工件夹持方向成30°~40°。当锉削狭长平面或采用顺向锉削受阻时,可采用推锉法
曲面的锉削	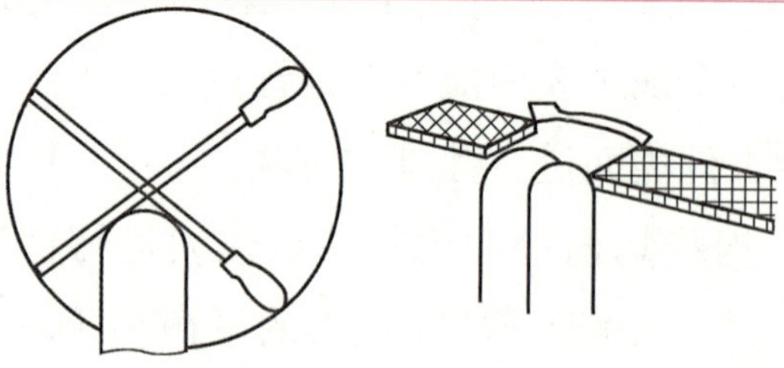 锉削外圆弧面	锉削外圆弧面时,锉刀同时完成前进运动和绕圆弧中心的转动
	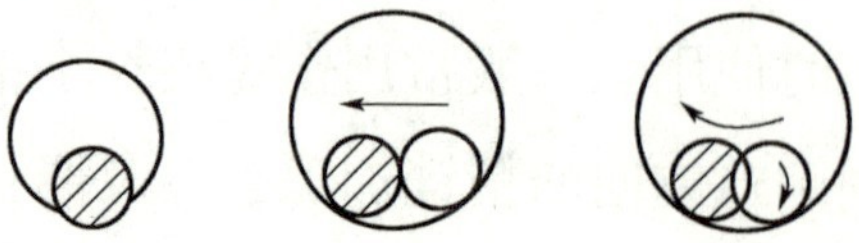 锉削内圆弧面	锉削内圆弧面时,锉刀同时完成前进运动、随着圆弧面向左或向右的移动、绕锉刀中心线的转动等

续表

锉削表面	图例	说明
球面的锉削	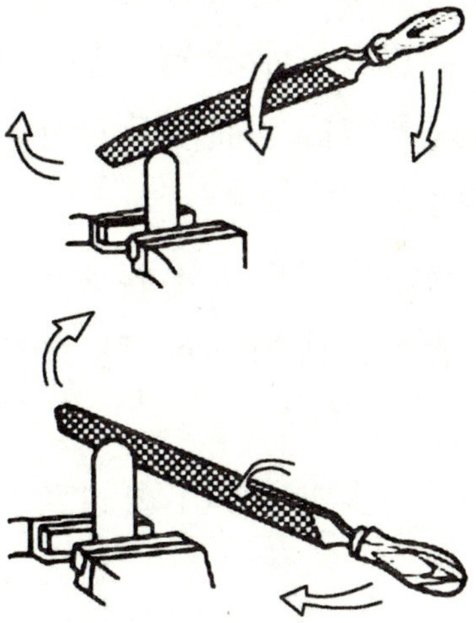	锉削圆柱形工件端部的球面时，锉刀以顺向和横向两种曲面锉法结合进行

根据模型填写表 2-19 中锉法的形式，并分析该种锉法的优缺点。

表 2-19　分析锉法及其优缺点

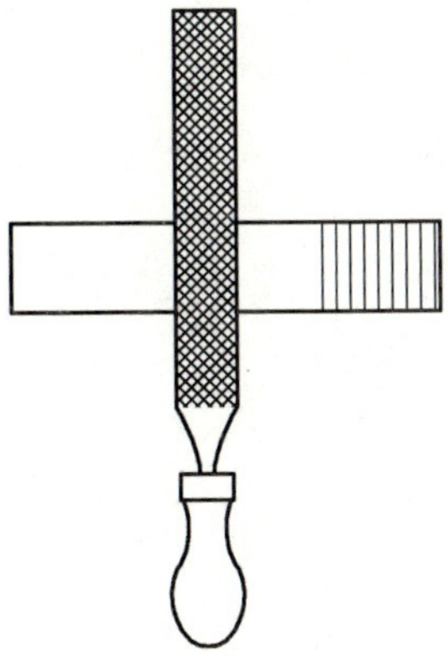	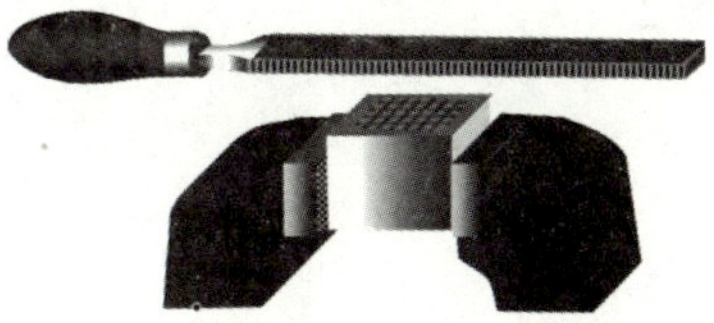	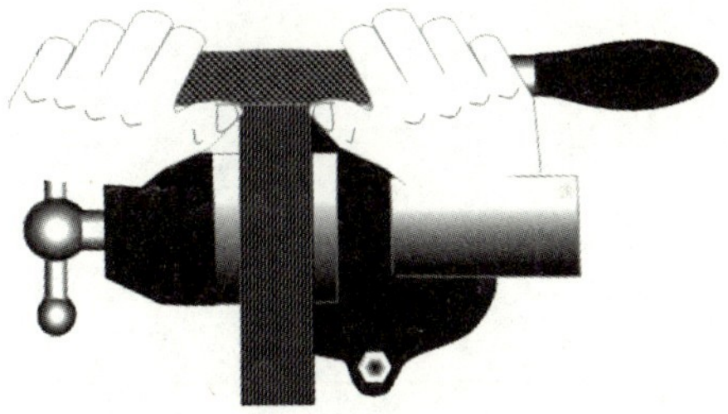

2）方体锉削。方体锉削顺序：先锉大平面后锉小平面，先锉平行面后锉垂直面，每次锉削都要先锉基准面；锉削长方体工件各表面时，必须按照一定的顺序进行，才能方便、准确地达到规定的尺寸和相对位置精度要求。

方体锉削原则如下。

①选择最大的平面作基准面先锉平（达到规定的平面度要求）。

②先锉大平面后锉小平面。以大面控制小面，能使测量准确、精度修整方便。

③先锉平行面后锉垂直面，即在达到规定的平行度要求后，再加工取得相关面的垂直度。

方体锉削方法总结：一方面便于控制尺寸，另一方面平行度比垂直度的测量控制方便，同时在保证垂直度时可以进行平行、垂直这两项误差的测量比较，减少积累误差。基准面是加工控制其余各面尺寸、位置精度的测量基准，故必须在达到其规定的平面度要求后，才能加工其他面（加工平行面，必须在基准面达到平面度要求后进行；加工垂直面，必须在平行面加工好后进行，即必须确保基准面、平行面达到规定的平面度及尺寸差值要求的情况下才能进行），以保证在加工各相关面时具有准确的测量基准。

在检查垂直度时，要注意角尺从上向下移动的速度，压力不要太大，否则易造成尺座的测量面离开工件基准面，仅根据被测表面的透光情况就认为垂直了，实际上并没有达到正确的垂直度。

在接近加工要求时的误差修整，要全面考虑、逐步进行，不要过急，以免造成平面塌角和不平现象。

根据前面你学习到的锉削方法填写你的心得体会。

（3）锉削的关键点

锉削常作为最后一道精加工工序，一旦失误则前功尽弃，损失较大。为此，钳工必须具有高度的工作责任心，牢固树立"质量第一"的观念，注意研究锉削的废品形式和产生原因，特别要精心操作，以防废品的产生。

锉削时产生废品的形式、原因及预防方法见表2-20。

表2-20　锉削时产生废品的形式、原因及预防方法

废品形式	原因	预防方法
工件夹坏	1）台虎钳钳口太硬，将工件表面夹出凹模； 2）夹紧力太大，将空心件夹扁； 3）薄而大的工件未夹好，锉削时变形	1）精加工工件夹时应用铜钳口； 2）夹紧力要恰当，夹薄管最好用弧形木垫； 3）对薄而大的工件要用辅助工具夹持
平面中凸	锉削时锉刀摇摆	加强锉削技术的训练

续表

废品形式	原因	预防方法
工件尺寸太小	1）划线不正确； 2）锉刀锉出加工界线	1）按图样尺寸正确划线； 2）锉削时要经常测量，对每次锉削量要心中有数
表面不光洁	1）锉刀粗细选用不当； 2）锉屑嵌在锉刀中未及时清除	1）合理选用锉刀； 2）经常清除锉屑
不应锉的部分被锉掉	1）锉垂直面时未选用光边锉刀； 2）锉刀打滑而锉伤邻近表面	1）应选用光边锉； 2）注意清除油污等引起打滑的因素

3. 型面锉削的举例

（1）正六边形的锉削要求（见表2-21）

表2-21 正六边形的锉削要求

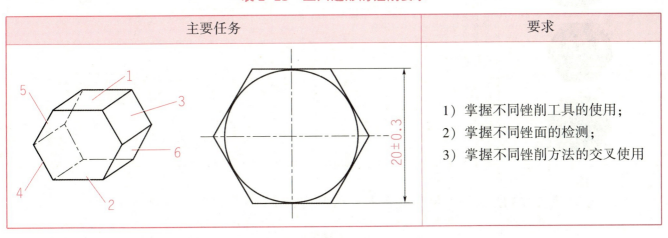

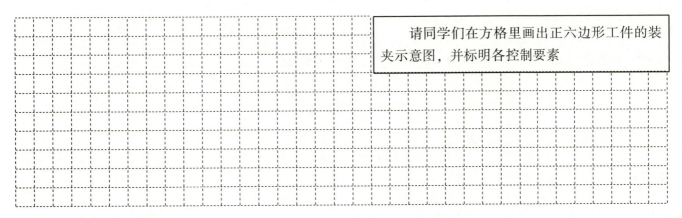

请同学们在方格里画出正六边形工件的装夹示意图，并标明各控制要素

（2）在表2-22中填写正六边形工件的锉削工艺（教师点评）

表 2-22　正六边形的锉削工艺

内容	工艺步骤	质量检测

（3）填写表 2-23 所示的工量具准备卡（教师点评）

表 2-23　工量具准备卡

所需量具	规　格	精度	用途
高游标尺	150 mm	0.02	
锉刀刷			

四、錾削

錾削是用錾子对工件表面进行切削加工，使工件完成所要求的形状和尺寸的一种加工方法。錾削加工是钳工最常用的主要操作方法之一，其加工范围包括除去毛坯的飞边、毛刺、浇冒口，切割板料、条料，开槽以及对金属表面进行粗加工等。

1. 錾削工具

錾削工具主要有錾子和手锤。

（1）錾子的分类

按照錾子的用途分为扁錾、狭錾、油槽錾、扁冲錾和圆口錾，如图2-20所示。扁錾主要用作錾削平面；狭錾（尖錾）用作錾槽和分割；油槽錾（油坑錾）则用于錾油槽。

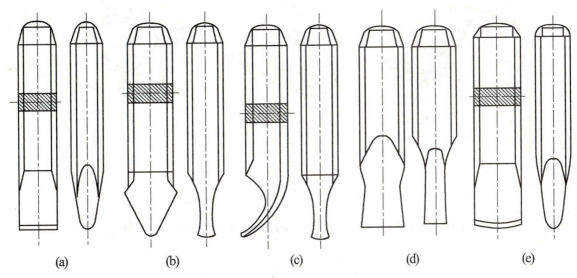

图 2-20 錾子的分类

（a）扁錾；（b）狭錾；（c）油槽錾；（d）扁冲錾；（e）圆口錾

> **完成一把錾子需要哪些条件？**

2. 錾削工艺

（1）手锤的使用

手锤是由锤头和木柄安装而成的，挥动时容易松脱。因此，在挥锤之前，要认真检查手锤有没有松动、楔子有没有脱落，发现锤头松了，要重新把楔子打牢，以免锤头挥动时飞出而发生意外事故。錾切时，挥锤的次数以每分钟锤击30~60次为宜。

挥锤：在錾切过程中，正确掌握和运动手锤，是保持人在錾切时不易疲劳且又能提高錾切效率的一个重要因素，挥锤的方式可分为手挥、肘挥和臂挥三种，如图2-21所示。

1）手挥。运动手腕挥动手锤，因此锤击力小，一般只用于打中心点、錾切的开始和结尾以及錾小型油槽。

2）肘挥。手肘和臂部一起运动，锤击力较大，荷重方式运用得比较广泛，通常为钳工所采用。

3）臂挥。手肘和臂部一起运动，锤击力比肘挥要大，6~12 磅①以上的大手锤都采用臂挥。使用臂挥方式，一般是錾切余量大的工件，如錾断工件、锻打錾子、机床的地脚螺丝打孔等。

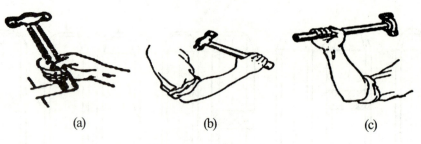

图 2-21 挥锤方式

（a）手挥；（b）肘挥；（c）臂挥

钳工使用的锤子一般选用什么材料？需不需要进行热处理？

（2）錾子的使用

1）握錾。

应使工作方便而灵活握持，一般来说錾子的握法是用左手的中指、无名指和小指握持，大拇指和食指自然合并，让錾子的头部伸出约 20 mm。錾削时，小臂要自然平放，并使錾子保持正确的后角，如图 2-22 所示。

2）錾切姿势。

钳工在虎钳上进行錾切时站立的姿势，要以挥锤时便于用力并且身体不易感到疲劳为准则，一般稍偏虎钳左边站立，左脚中心与钳台约成 60°、右脚中心与钳台约成 25°，左、右脚的距离约等于前臂的长度，一般为 200~250 mm，如图 2-23 所示。

3）錾切方法。

①錾切简单板料，一般比较小的板料只需要把工件夹持在虎钳上，使錾切线与钳口平齐，

---

① 磅，英美制重量单位，1 磅=0.453 592 37 千克。

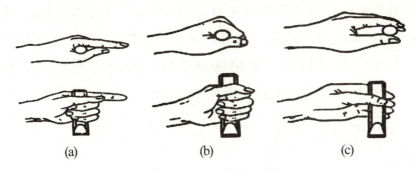

图 2-22 握錾的方法

(a) 四指握持；(b) 手掌握持；(c) 五指握持

用扁錾对着板料成 30°~45°，沿着钳口自右向左进行錾切，如图 2-24 所示。大的板料可放在铁砧上錾切。

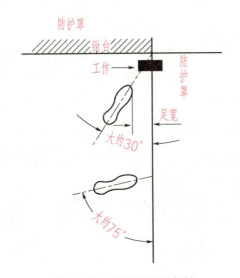

图 2-23 錾切站立姿势

图 2-24 简单大板料的錾切

② 錾切复杂板料，一般采取钻孔錾切方法。先将工件轮廓线划好，在轮廓线外进行钻孔，然后用錾子錾断各钻孔连壁，再用錾子或锉刀按工件划线进行加工修正，如图 2-25 所示。

(3) 錾切的安全注意事项

1) 錾切时眼睛应注视錾的刃口，不要注视錾子的末端（即锤击位置），否则容易打着手。

图 2-25 复杂板料的錾切

2) 錾切时旁边不要站人，以免錾屑飞溅或锤头不牢飞出时发生安全事故。

3) 在台虎钳上錾切，钳台上应装有阻挡錾屑的防护罩或防护壁。

4) 挥大锤錾切时，应由两人配合，握錾应用抓錾，并握在錾子的 2/3 以上位置，挥锤者不能对着握錾的人，彼此间的相对位置一般为 90°。

5) 使用风錾錾切时，先把切削刃触及工件后再开气门。

6) 錾子钝了应磨锐。錾子头部因锤击出现了坏缝时，应用砂轮进行修正。

7）在砂轮上修磨錾子，应双手把握着錾身，刃口向上，与砂轮斜交一角度。修磨时压力不可太大，并应做左右移动。为了防止修磨时产成高热而使錾子退火，要经常进行冷却。

8）砂轮机在使用前应注意检查。砂轮机搁架与砂轮间的距离不宜太大，一般要小于3mm。使用时，人不能正对着砂轮，应稍偏侧站立或坐稳。

五、常用量具及其测量方法

本部分主要侧重于讲解钢直尺、游标卡尺、高度游标卡尺和万能角度尺等基本测量工具及其测量方法。

1. 钢直尺

钢直尺是最简单的长度量具，有 150 mm、300 mm、500 mm 和 1 000 mm 四种规格。图 2-26 所示为常用的 150 mm 钢直尺。

钢直尺一般用于测量公差要求不严格的零件，或用作提供尺寸参考的测量位置。

钢直尺用于测量零件的长度尺寸，如图 2-27 所示，由于钢直尺的刻线间距为 1mm，而刻线本身的宽度就有 0.1~0.2 mm，所以测量时读数误差比较大，只能读出毫米数，即它的最小读数值为 1 mm，比 1 mm 小的数值只能估计得出。

图 2-26　150 mm 钢直尺

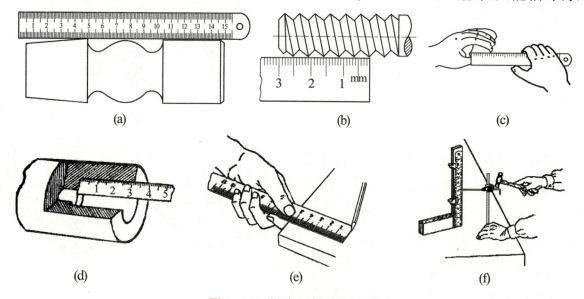

图 2-27　钢直尺的使用方法

(a) 量长度；(b) 量螺距；(c) 量宽度；(d) 量内孔；(e) 量深度；(f) 划线

2. 游标卡尺

游标卡尺是一种常用的量具，具有结构简单、使用方便、精度中等和测量尺寸范围大等特点，可以用它来测量零件的外径、内径、长度、宽度、厚度、深度和孔距等，应用范围很广，属于中等精度测量器具。

（1）游标卡尺的结构

常用的游标卡尺有以下两种。

1)测量范围为 0~125 mm 的游标卡尺,带有刀口形的上下量爪和深度尺,如图 2-28 所示。

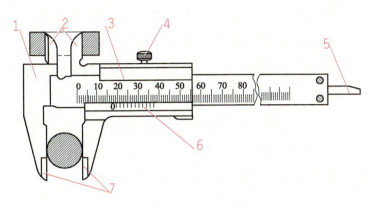

图 2-28 游标卡尺的结构(一)

1—尺身;2—上量爪;3—尺框;4—紧固螺钉;5—深度尺;6—游标;7—下量爪

2)测量范围为 0~200 mm 和 0~300 mm 的游标卡尺,带有内外测量面的下量爪和刀口形的上量爪,如图 2-29 所示。

(2)游标卡尺的测量精度

游标卡尺是一种中等精度的量具,它只适用于中等精度尺寸的测量和检验。游标卡尺的示值误差见表 2-24。

(3)游标卡尺的读数原理和读数方法

游标卡尺的读数机构是由主尺和游标两部分组成的。当活动量爪与固定量爪贴合时,游标上的"0"刻线(简称游标零线)对准主尺上的"0"刻线,此时量爪间的距离为"0",如图 2-30 所示。当尺框向右移动到某一位置时,固定量爪与活动量爪之间的距离就是零件的测量尺寸,如图 2-31 所示。此时零件尺寸的整数部分可在游标零线左边的主尺刻线上读出来,而比 1mm 小的小数部分则可借助游标读数机构来读出。

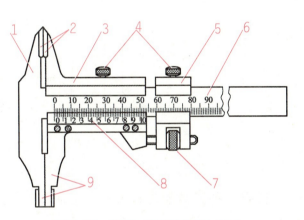

图 2-29 游标卡尺的结构(二)

1—尺身;2—上量爪;3—尺框;
4—紧固螺钉;5—微动装置;6—主尺;
7—微动螺母;8—游标;9—下量爪

表 2-24 游标卡尺的示值误差　　　　　　　　mm

游标读数值	示值总误差
0.02	±0.02
0.05	±0.05
0.10	±0.10

根据游标读数值的不同游标卡尺可分为三种。

1)游标读数值为 0.1 mm 的游标卡尺,如图 2-30(a)所示,主尺刻线间距(每格)为

1 mm，当游标零线与主尺零线对准（两爪合并）时，游标上的第 10 刻线正好指向主尺上的 9 mm，而游标上的其他刻线都不会与主尺上任何一条刻线对准。游标每格间距＝9 mm÷10＝0.9 mm，主尺每格间距与游标每格间距相差＝1 mm－0.9 mm＝0.1 mm，0.1 mm 即为此游标卡尺上游标所读出的最小数值，再也不能读出比 0.1 mm 小的数值。

当游标向右移动 0.1 mm 时，则游标零线后的第 1 根刻线与主尺刻线对准；当游标向右移动 0.2 mm 时，则游标零线后的第 2 根刻线与主尺刻线对准。依次类推。若游标向右移动 0.5 mm，如图 2-30（b）所示，则游标上的第 5 根刻线与主尺刻线对准。由此可知，游标向右移动不足 1mm 的距离，虽不能直接从主尺读出，但可以由游标的某一根刻线与主尺刻线对准时，该游标刻线的次序数乘其读数值而读出其小数值。例如，如图 2-30（b）所示的尺寸即为 5×0.1＝0.5（mm）。

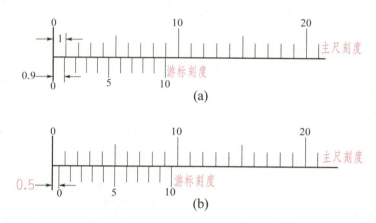

图 2-30　游标读数值为 0.1 mm 的游标读数原理（一）
（a）游标第 10 刻线与主尺刻线对准；（b）游标第 5 刻线与主尺刻线对准

另有 1 种读数值为 0.1 mm 的游标卡尺，如图 2-31（a）所示，是将游标上的 10 格对准主尺的 19 mm，则游标每格＝19 mm÷10＝1.9 mm，使主尺 2 格与游标 1 格相差＝2 mm－1.9 mm＝0.1 mm。这种增大游标间距的方法，其读数原理并未改变，但使游标线条清晰，更容易看准读数。

在游标卡尺上读数时，首先要看游标零线的左边，读出主尺上尺寸的整数是多少毫米；其次是找出游标上第几根刻线与主尺刻线对准，将该游标刻线的次序数乘其游标读数值，读出尺寸的小数；最后将整数和小数相加，其总值就是被测零件尺寸的数值。

在图 2-31（b）中，游标零线在 2 mm 与 3 mm 之间，其左边的主尺刻线是 2 mm，所以被测尺寸的整数部分是 2 mm；再观察游标刻线，这时游标上的第 3 根刻线与主尺刻线对准，所以被测尺寸的小数部分为 3×0.1 mm＝0.3 mm。则被测尺寸为 2 mm＋0.3 mm＝2.3 mm。

2）游标读数值为 0.05 mm 的游标卡尺，如图 2-32（a）所示，主尺每小格 1 mm，当两爪合并时，游标上的 20 格刚好等于主尺的 39 mm，则游标每格间距＝39 mm÷20＝1.95 mm，主尺 2 格间距与游标 1 格间距相差＝2－1.95＝0.05（mm），0.05 mm 即为此种游标卡尺的最小读数值。同理，也有的游标上的 20 格刚好等于主尺上的 19 mm，其读数原理不变。

在图 2-32（b）中，游标零线在 32 mm 与 33 mm 之间，游标上的第 11 格刻线与主尺刻线

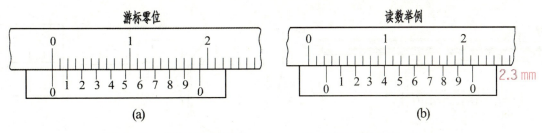

图 2-31 游标读数值为 0.1 mm 的游标读数原理（二）
（a）游标第 10 刻线与主尺刻线对准；（b）游标第 3 刻线与主尺刻线对准

对准。所以，被测尺寸的整数部分为 32 mm，小数部分为 11×0.05 mm=0.55 mm，被测尺寸为 32 mm+0.55 mm=32.55 mm。

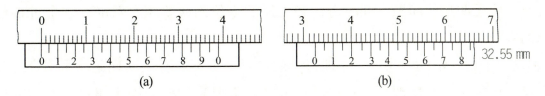

图 2-32 游标读数值为 0.05 mm 的游标读数原理
（a）游标第 20 刻线与主尺刻线对准；（b）游标第 11 刻线与主尺刻线对准

3）游标读数值为 0.02 mm 的游标卡尺，图 2-33（a）所示，主尺每小格 1 mm，当两爪合并时，游标上的 50 格刚好等于主尺上的 49 mm，则游标每格间距=49 mm÷50=0.98 mm，主尺每格间距与游标每格间距相差=1 mm-0.98 mm=0.02 mm，0.02 mm 即为此种游标卡尺的最小读数值。

在图 2-33（b）中，游标零线在 123 mm 与 124 mm 之间，游标上的 13 格刻线与主尺刻线对准。所以，被测尺寸的整数部分为 123 mm，小数部分为 13×0.02 mm=0.26 mm，被测尺寸为 123 mm+0.26 mm=123.26 mm。

我们希望直接从游标尺上读出尺寸的小数部分，而不要通过上述的换算，为此，把游标的刻线次序数乘其读数值所得的数值，标记在游标上，这样读数就方便了。

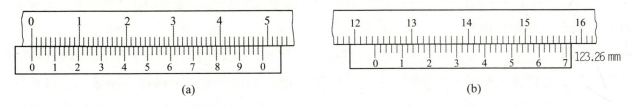

图 2-33 游标读数值为 0.02 mm 的游标读数原理
（a）游标第 50 刻线与主尺刻线对准；（b）游标第 13 刻线与主尺刻线对准

用游标为 50 分度的游标卡尺测量某工件的长度时，如图 2-34（b）所示，则测量结果应该读作_____mm。

一游标卡尺的主尺最小分度为 1 mm，游标上有 10 个小等分间隔，现用此卡尺来测量工件的直径，则该工件的直径为_____mm。

（4）游标卡尺的使用方法

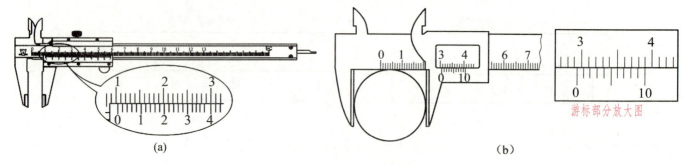

图 2-34　50 分度游标卡尺读数

使用游标卡尺测量零件尺寸时，必须注意下列几点：

1) 测量前应把卡尺擦干净，检查卡尺两个测量面和测量刃口是否平直无损，把两个量爪紧密贴合时，应无明显的间隙，同时游标和主尺的零位刻线要相互对准。这个过程称为校对游标卡尺的零位。

2) 移动尺框时，活动要自如，不能过松或过紧，更不能有晃动现象。用固定螺钉固定尺框时，卡尺的读数不应有所改变。在移动尺框时，不要忘记松开固定螺钉，亦不宜过松而导致其掉落。

3) 当测量零件的外尺寸时，卡尺两测量面的连线应垂直于被测量表面，不能歪斜。测量时，可以轻轻摇动卡尺，放正垂直位置，如图 2-35（a）所示。否则，量爪若在如图 2-35（b）所示的错误位置上，将使测量结果 a 比实际尺寸 b 大；先把卡尺的活动量爪张开，使量爪能自

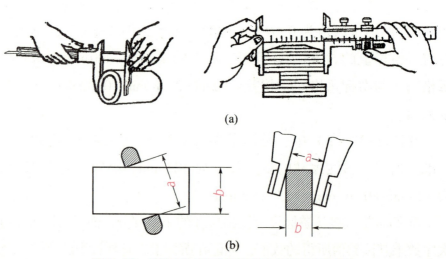

图 2-35　测量外尺寸时正确与错误的位置
（a）正确；（b）错误

由地卡进工件，把零件贴靠在固定量爪上，然后移动尺框，用轻微的压力使活动量爪接触零件。如卡尺带有微动装置，此时可拧紧微动装置上的固定螺钉，再转动调节螺母，使量爪接触零件并读取尺寸。绝不可把卡尺的两个量爪调节到接近甚至小于所测尺寸，把卡尺强制地卡到零件上去，否则会使量爪变形，或使测量面过早磨损，使卡尺失去应有的精度。

测量沟槽时，应当用量爪的平面测量刃进行测量，尽量避免用端部测量刃和刀口形量爪去测量外尺寸。而对于圆弧形沟槽尺寸，则应当用刃口形量爪进行测量，不应当用平面形测量刃进行测量，如 2-36 所示。

测量沟槽宽度时，也要放正游标卡尺的位置，应使卡尺两测量刃的连线垂直于沟槽，不能歪斜，否则量爪若在如图 2-37 所示的错误位置上，也将使测量结果不准确（可能大也可能小）。

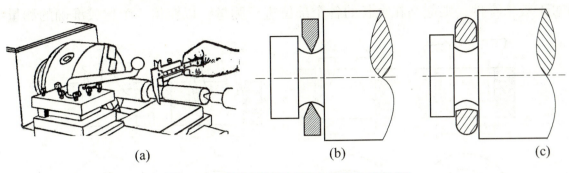

图 2-36 测量沟槽时正确与错误的位置
(a) 实测图；(b) 正确；(c) 错误

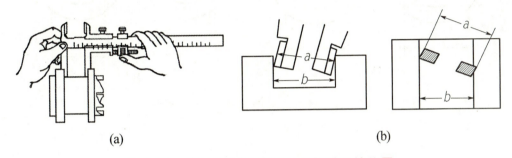

图 2-37 测量沟糟宽度时正确与错误的位置
(a) 正确；(b) 错误

4) 测量零件的内尺寸。如图 2-38 所示，要使量爪分开的距离小于所测内尺寸，进入零件内孔后，再慢慢张开并轻轻接触零件内表面，用固定螺钉固定尺框后轻轻取出卡尺来读数。取出量爪时用力要均匀，并使卡尺沿着孔的中心线方向滑出，不可歪斜，以免使量爪扭伤、变形及受到不必要的磨损，同时会使尺框走动，影响测量精度。

图 2-38 内孔的测量方法

卡尺两测量刃应在孔的直径上，不能偏歪。图 2-39 所示为带有刀口形量爪和带有圆柱面形量爪的游标卡尺在测量内孔时正确和错误的位置。当量爪在错误位置时，其测量结果比实际孔径 D 要小。

5) 用下量爪的外测量面测量内尺寸，在读取测量结果时，一定要把量爪的厚度加上去，即游标卡尺上的读数加上量爪的厚度才是被测零件的内尺寸。测量范围在 500 mm 以下的游标卡尺，量爪厚度一般为 10 mm。但当量爪因磨损而被修理后，量爪厚度就会小于 10 mm，读数时这个修正值也要考虑进去。

6) 用游标卡尺测量零件时，不允许过分地施加压力，所用压力应使两个量爪刚好接触零件表面。如果测量压力过大，不但会使量爪弯曲或磨损，且量爪在压力作用下会产生弹性变形，使测量所得的尺寸不准确（外尺寸小于实际尺寸，内尺寸大于实际尺寸）。

在游标卡尺上读数时，应把卡尺水平拿着，并朝着亮光的方向，使人的视线尽可能和卡尺的刻线表面垂直，以免由于视线的歪斜造成读数误差。

7) 为了获得准确的测量结果，可以多测量几次，即在零件的同一截面上的不同方向进行测量。对于较长零件,则应当在全长的各个部位进行测量,以获得一个比较准确的测量结果。

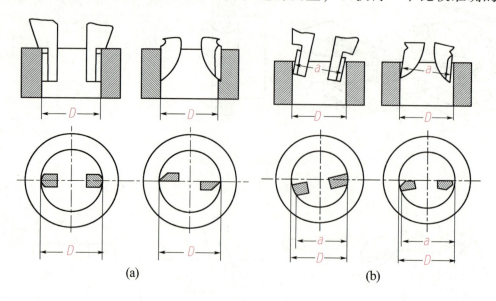

图 2-39 测量内孔时正确与错误的位置
(a) 正确;(b) 错误

常用的游标卡尺主要有哪几种?作用是什么?

3. 高度游标卡尺

高度游标卡尺如图 2-40 所示,用于测量零件的高度和精密划线。它的结构特点是用质量较大的基座代替固定量爪,而活动的尺框则通过横臂装有测量高度和划线用的量爪,量爪的测量面上镶有硬质合金,以提高量爪使用寿命。高度游标卡尺的测量工作应在平台上进行,当量爪的测量面与基座的底平面位于同一平面时(如在同一平台平面上),则主尺与游标的零线相互对准。所以在测量高度时,量爪测量面的高度就是被测量零件的高度尺寸,它的具体数值与游标卡尺一样可在主尺(整数部分)和游标(小数部分)上读出。应用高度游标卡尺划线时应调好划线高度,用紧固螺钉把尺框锁紧后,在平台上应先进行调整再划线。图 2-41 所示为高度游标卡尺的应用。

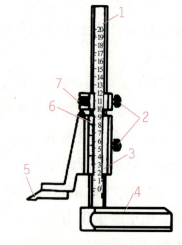

图 2-40 高度游标卡尺

1—主尺;2—紧固螺钉;3—尺框;
4—基座;5—量爪;6—游标;
7—微动装置

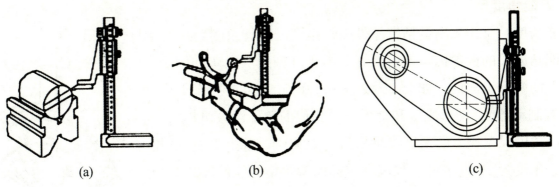

图 2-41 高度游标卡尺的应用

(a) 划偏心线；(b) 划拨叉轴；(c) 划箱体

简述高度游标卡尺的应用范围。

简述应用高度游标卡尺划线的方法。

简述高度游标卡尺与游标卡尺的区别。

4. 万能角度尺

万能角度尺是用来测量精密零件内外角度或进行角度划线的量具。

万能角度尺的读数机构是由刻有基本角度刻线的尺座和固定在扇形板上的游标组成的，如图 2-42 所示。扇形板可在尺座上回转移动（有制动器），即形成了和游标卡尺相似的游标读数机构。

万能角度尺尺座上的刻度线每格为 1°。由于游标上刻有 30 格，所占的总角度为 29°。因此，尺座和游标两者每格刻线的度数差为

$$1° - \frac{29°}{30} = \frac{1°}{30} = 2'$$

即万能角度尺的精度为 2'。

万能角度尺的读数方法和游标卡尺相同，均是先读出游标零线前的角度，再从游标上读出角度"分"的数值，两者相加就是被测零件的角度数值。

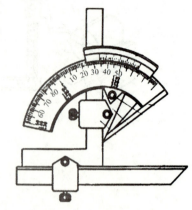

图 2-42 万能角度尺

在万能角度上，基尺固定在尺座上，角尺用卡块固定在扇形板上，可移动尺用卡块固定在角尺上。若把角尺拆下，也可把直尺固定在扇形板上。由于角尺与直尺可以移动和拆换，故使万能角度尺可以测量 0~320° 内的任意角度，如图 2-43 所示。

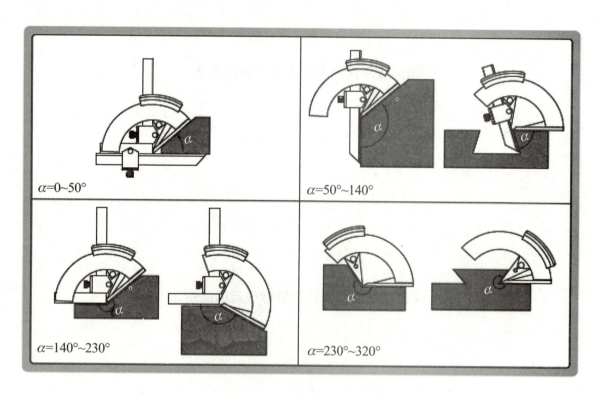

图 2-43 万能角度尺的应用

由图 2-43 可见，角尺和直尺全装上时，可测量 0~50° 的外角度；仅装上直尺时，可测量 50°~140° 的角度；仅装上角尺时，可测量 140°~230° 的角度；把角尺和直尺全拆下时，可测量 230°~320° 的角度（即可测量 40°~130° 的内角度）。

万能量角尺的尺座上，基本角度的刻线只有 0~90°，如果测量的零件角度大于 90°，则在读数时应加上一个基数。当零件角度大于 90°而小于 180°时，被测角度 = 90°+量角尺读数；零件角度大于 180°而小于 270°时，被测角度 = 180°+量角尺读数；零件角度大于 270°而小于 320°时，被测角度 = 270°+量角尺读数。

用万能角度尺测量零件角度时，应使基尺与零件角度的母线方向一致，且零件应与量角尺两个测量面在全长上接触良好，以免产生测量误差。

万能角度尺有没有测量死角？如果有在哪里？

5. 量具的维护和保养

正确地使用精密量具是保证产品质量的重要条件之一。要保持量具的精度和其工作的可靠性，除了在使用中按照合理的使用方法进行操作以外，还必须做好量具的维护和保养工作。

1) 在机床上测量零件时，要等机床完全停稳后进行，否则不但会使量具的测量面过早磨损而失去精度，而且会造成事故。尤其是车工在使用外卡时，不要以为卡钳简单，磨损一点无所谓，要注意铸件内常有气孔和缩孔，一旦钳脚落入气孔内，则会把操作者的手也拉进去，造成严重事故。

2) 测量前应把量具的测量面和零件的被测量表面擦干净，以免因有脏物存在而影响测量精度。用精密量具如游标卡尺、百分尺和百分表等测量锻铸件毛坯，或带有研磨剂（如金刚砂等）的表面是错误的，这样易使测量面很快磨损而失去精度。

3) 量具在使用过程中不要和工具、刀具，如锉刀、榔头、车刀和钻头等堆放在一起，以免碰伤量具；也不要随便放在机床上，以免因机床振动而使量具掉下来损坏；尤其是游标卡尺等，应平放在专用盒子里，以免使尺身变形。

4) 量具是测量工具，绝对不能作为其他工具的代用品。例如拿游标卡尺划线、拿百分尺当小榔头、拿钢直尺当起子旋螺钉，以及用钢直尺清理切屑等都是错误的。把量具当玩具，如把百分尺等拿在手中任意挥动或摇转等也是错误的，都易使量具失去精度。

5) 温度对测量结果影响很大，零件的精密测量一定要使零件和量具都在20 ℃ 的情况下进行。一般可在室温下进行测量，但必须使工件与量具的温度一致，否则由于金属材料热胀冷缩的特性，会使测量结果不准确。

6) 温度对量具精度的影响也很大，量具不应放在阳光下或床头箱上，因为量具温度升高后也会导致测量结果不准确；更不要把精密量具放在热源（如电炉，热交换器等）附近，以免使量具受热变形而失去精度。

7）不要把精密量具放在磁场附近，例如磨床的磁性工作台上，以免使量具感磁。

8）发现精密量具有不正常现象时，如量具表面不平、有毛刺、有锈斑以及刻度不准、尺身弯曲变形、活动不灵活，等等，使用者不应当自行拆修，更不允许自行用榔头敲、锉刀锉、砂布打光等粗糙办法修理，以免增大量具误差。发现上述情况，使用者应当主动送计量站检修，并经检定量具精度后再继续使用。

9）量具使用后，应及时擦干净，除不锈钢量具或有保护镀层者外，金属表面应涂上一层防锈油，放在专用的盒子里，保存在干燥的地方，以免生锈。

10）精密量具应定期进行检定和保养，长期使用的精密量具要定期送计量站进行保养和检定精度，以免因量具的示值误差超差而造成产品质量事故。

量具为什么要进行保养？

量具保存的最佳温度是多少？

六、钳工操作安全控制

在实际操作过程中，学生必须听从实训指导老师的统一指挥，按照实训环境规章管理制度与设备安全操作规范有序地进行实际操作和生产体验，杜绝违反安全生产规章制度；防范安全隐患，钳工操作中最大的安全隐患主要来自于砸伤、擦伤、划伤和飞溅等职业伤害。

（1）安全生产的注意事项

1）工作时要穿好工作服、扎好袖口，女同学应戴好工作帽，并将头发塞在帽子里。

2）禁止穿背心、裙子、短裤，以及戴围巾、穿拖鞋或者高跟鞋进入实训车间。

3）严格遵守安全操作规程，不嬉戏、打闹。

4）注意防火与安全用电。

钳工加工场地主要的安全隐患有哪些？

（2）锯割时的安全操作规程

1）锯割时要防止锯条折断而从锯弓上弹出伤人。

2）工件被锯下的部分要防止跌落砸在脚上。

锯割时出现伤害应如何处理？

（3）锉削的安全操作规程

1）不使用无柄或裂柄锉刀锉削工件，锉刀柄应装紧，以防手柄脱出后锉舌把手刺伤。

2）锉工件时不可用嘴吹铁屑，以防飞入眼内；也不可用手去清除铁屑，应用刷子扫除。

3）放置锉刀时不能将其一端露出钳台外面，以防锉刀跌落而把脚扎伤。

4）锉削时，不可用手摸被锉过的工件表面（因手有油污会使锉削时锉刀打滑而造成事故）。

七、型面检测的举例

（1）正六边形的检测要求（见表2-25）

表 2-25　正六边形的检测要求

主要任务	要求
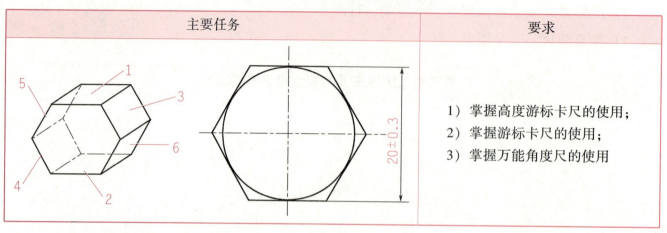	1）掌握高度游标卡尺的使用； 2）掌握游标卡尺的使用； 3）掌握万能角度尺的使用

（2）正六边形的检测步骤及使用量具（学生填写，见表 2-26）

表 2-26　正六边形的检测步骤及使用量具

内容	检测步骤	使用量具

内容	检测步骤	使用量具

（3）填写表 2-27 所示的工量具准备卡（学生填写）

表 2-27 工量具准备卡

所需量具	规　格	精度	用途
高度游标卡尺	150 mm	0.02 mm	

单元二　制作多角样板

本节实训项目选取多角样板角尺作为本阶段钳工理论和技能学习的入门工件。该工件主要形状由内外直角及内外 120°角、30°角和 60°角等组成，对于初次接触钳工专业知识的学生而言，还是具有挑战性的。为了更好地帮助学生完成本阶段的课程学习，我们按照工厂实际生产情景，在加工过程中或教学任务的安排上尽量使其符合工厂的工艺流程，使学生能进行身临其境的情景化及系统性的学习，同时按照项目要求引入图纸分析、工艺编制、刀具使用、量具认知等知识内容，以完成本阶段的学习任务。

通过本节的学习，学生应达到以下学习目标。

1）能够熟练操作钳工设备及运用钳工工具。

2）能够懂得钳工操作的技术要求和操作方法，并能正确运用划线、锯割、锉削等钳工工艺。

3）能够读懂单一工件加工的技术图纸和技术要求。

4）能够按照生产现场5S管理与生产安全控制流程进行操作。

5）能够通过典型工件的制作提高自己的职业素养和职业道德。

一、项目任务

按图2-44所示的要求加工多角样板角尺。毛坯使用45钢，70 mm×77 mm×4 mm的板料。

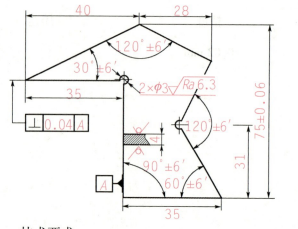

技术要求

（1）工件表面直线度均为0.06 mm；

（2）未注公差按JT12要求。

图2-44 多角样板角尺

了解实习情况，见表2-28。

表2-28 实习情况

实习件名称	材料	材料来源	件数	工时
多角样板角尺	45钢	备料	1件	12 h

二、项目实施

要完成多角样板角尺的制作，教师需要从课件准备、组织教学、图纸工艺分析以及学生

模块二 钳工型面加工

接受程度等方面做好规划；分析完成本项目需要哪些知识技能和刀具、量具、设备，怎样进行工件安装，怎样检测和控制尺寸，并了解加工角尺的工艺流程。请认真思考上述问题，并查阅相关资料，分别完成项目实施计划表2-29和项目实施配套表2-30。

1. 项目实施计划（见表2-29）

表2-29 项目实施计划表

序号	项目及内容	地点	课时/分钟	备注
1	课前准备			课余时间
2	组织教学		20	
3	图纸工艺分析	教室	120	
4	教师示范	车间	40	
5	学生观摩	车间	40	
6	学生练习	车间	400	
7	姿势测试	车间	60	全体
8	课题总结		30	
9	课题分组	车间		5人为一小组
10	机动时间		40	清扫卫生等

2. 项目实施配套（见表2-30）

表2-30 项目实施配套表

班级		姓名		工位号		课时	
序号	实施问题			内容			
1	所需要的刀具、量具、夹具						
2	怎样安装工件						
3	刀具的使用方法						
4	怎样控制几何精度和尺寸精度						
5	怎样检测零件						
6	主要的技术难点和操作要点						
7	零件的加工工艺流程						
8	指导性意见与评价						

3. 根据图样进行分析

通过对实施项目进行图样分析和制定训练步骤，更加直观地为同学们呈现"制作多角样板角尺"的工艺路径。

注意看懂零件图的形状、各尺寸和精度要求、表面粗糙度要求，结合"项目实施配套表"的分析，选择合适的毛坯、刀具、设备和加工工艺流程，制定合理的加工步骤。

（1）多角样板角尺零件图分析

1）注意图中角度要素的分析，重点看清各角度关键信息；

2）注意加工基准的选择，并对选择基准进行加工前校验；

3）根据图中各加工面选择锉刀，必须遵循先粗后精的原则；

4）内角度连接消气孔应在划线后首先加工完成；

5）注意看清图中的技术要求。

（2）多角样板角尺制作涉及的三角函数相关公式（见表2-31、表2-32）

表2-31 定义式

项目	锐角三角函数	任意角三角函数
图形	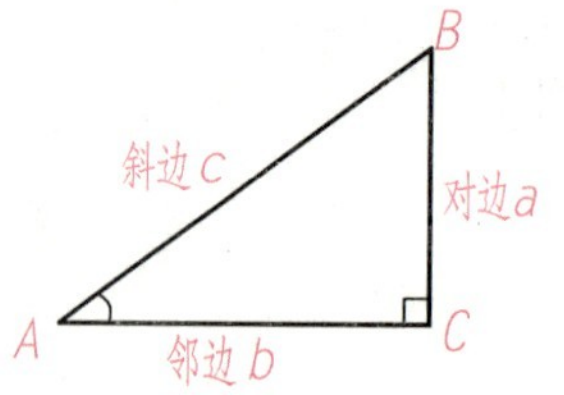 （直角三角形：斜边c，对边a，邻边b，角A在C处为直角）	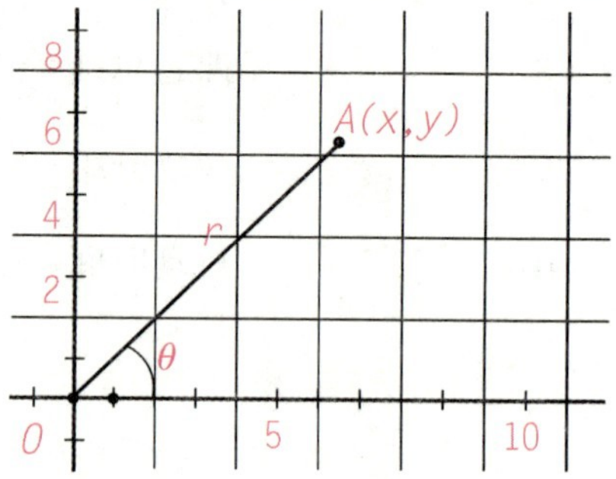 （坐标系中点A(x,y)，r，角θ）
正弦（sin）	$\sin A = \dfrac{a}{c}$	$\sin\theta = \dfrac{y}{r}$
余弦（cos）	$\cos A = \dfrac{b}{c}$	$\cos\theta = \dfrac{x}{r}$
正切（tan）	$\tan A = \dfrac{a}{b}$	$\tan\theta = \dfrac{y}{x}$
余切（cot）	$\cot A = \dfrac{b}{a}$	$\cot\theta = \dfrac{x}{y}$
正割（sec）	$\sec A = \dfrac{c}{b}$	$\sec\theta = \dfrac{r}{x}$
余割（csc）	$\csc A = \dfrac{c}{a}$	$\csc\theta = \dfrac{r}{y}$

表 2-32　特殊值

sin 30° = 1/2	sin 37° = 0.6	sin 45° = $\sqrt{2}$/2	sin 60° = $\sqrt{3}$/2	sin 15° = ($\sqrt{6}$ - $\sqrt{2}$)/4	sin 75° = ($\sqrt{6}$ + $\sqrt{2}$)/4
cos 30° = $\sqrt{3}$/2	cos 37° = 0.8	cos 45° = $\sqrt{2}$/2	cos 60° = 1/2	cos 15° = ($\sqrt{6}$ + $\sqrt{2}$)/4	cos 75° = ($\sqrt{6}$ - $\sqrt{2}$)/4
tan 30° = $\sqrt{3}$/3	tan 37° = 3/4	tan 45° = 1	tan 60° = $\sqrt{3}$	tan 15° = 2 - $\sqrt{3}$	tan 75° = 2 + $\sqrt{3}$
cot 30° = $\sqrt{3}$	cot 37° = 4/3	cot 45° = 1	cot 60° = $\sqrt{3}$/3		
sin 18° = ($\sqrt{5}$ - 1)/4	这个值在高中竞赛和自招中会比较有用,即黄金分割的一半				

4. 工件制作步骤

工件制作步骤按照表 2-33 多角样板加工工艺卡进行。

表 2-33　多角样板加工工艺卡

加工步骤	具体加工内容	图示	备注
1	备料：45 钢（70 mm×77 mm×4 mm），检查来料尺寸，并去除锐边毛刺。锉削外直角面，达到直线度 0.06 mm、垂直度 0.04 mm、表面粗糙度 $Ra ≤ 3.2 \mu m$ 的要求		
2	按图样要求划线。锉削划线基准及划线：按图样划出各角加工位置线		
3	钻孔：按要求钻工艺孔		
4	锯削：按照划线轮廓锯削余料		
5	锉削：以底面为基准依次锉削、修整 90°（凸）、60°、120°（凹）、90°（凹）、30°、120°（凸）各角，保证各角度精度达到图纸的要求。锐边倒棱并全部做精度检查		

续表

加工步骤	具体加工内容	图示	备注
6	去毛刺，复检精度		

5. 技术关键点控制

1）锉削外表面时，锉削纹路要一致，要沿竖直方向推锉锉平。

2）整个锉削表面加工达到要求后进行，切不可碰坏垂直面，造成角度不准。

3）多角样板角尺加工中应先加工90°内长直角面，然后以此面作基准来加工其余外角度面，其划线和检查均以内直角面为测量基准。

4）加工时，各角度面的粗加工采取中齿锯条切割，工件装夹时应保护工件表面。

5）修锉内边时，应注意锉刀大小的选择，锉刀必须靠紧，保持锉削平面与侧面垂直，不产生倾斜和圆角。

6. 生产质量检测评分标准

工件制作完成后认真检测填写多角样板角尺评分表（由教师配分），如表2-34所示。

表2-34 多角样板角尺评分表

项次	项目和技术要求	实训记录	配分	得分
1	75±0.06		5	
2	120°±6′（凸）		10	
3	30°±6′		10	
4	120°±6′（凹）		10	
5	60°±6′		10	
6	90°±6′		10	
7	⊥ 0.04 A		10	
8	$Ra3.2\mu m$（7处）		2×7	
9	— 0.06（7处侧面）		3×7	
10	安全文明生产，违者扣1~10分			

三、项目实施清单

在本阶段学习中同学们应着重掌握项目训练步骤和关键点控制，弄清该类项目的技术工艺特点。接下来请根据项目实施清单完成下列各表。

1）各小组认真按照项目要求，合作完成加工工艺卡片表，如表 2-35 所示。

表 2-35　加工工艺卡片表

工序号	工序内容	使用设备	工艺参数	工、夹、量具

2）各小组认真按照项目要求，合作完成锯割与锉削的加工范围和特点卡片表，如表 2-36 所示。

表 2-36　锯割与锉削的加工范围和特点卡片表

项目	锯割	锉削
运用范围		
加工特点		
工具使用		
安全生产		

3）各小组认真按照项目要求，合作完成任务执行中的问题解决卡片表，如表 2-37 所示。

表 2-37　任务执行中的问题解决卡片表

序号	问题现象	解决方案
1		
2		
3		
4		
5		

4）各小组认真按照项目要求，合作完成任务实施中执行6S情况检查卡片表，如表2-38所示。

表2-38　任务实施中执行6S情况检查

小组 6S	第一组	第二组	第三组	第四组
整理				
整顿				
清扫				
清洁				
素养				
安全				
总评				

四、项目检查与评价

工件制作完成后实施项目检查与评估，严格以完成项目工作的质量好坏作为唯一评价标准，分别由实训指导老师与学生根据教学过程中的学和练进行双向评价。

1）任务执行中教师评价表如表2-39所示。

表2-39　任务执行中教师评价表

分组序号	评价项目	评价内容
1		
2		
3		
4		
5		
6		
7		

2）任务执行中学生评价表如表2-40所示。

表 2-40　学生评价表

序号	检查的项目	分值	自我测评		小组测评		教师签评	
			结果	得分	结果	得分	结果	得分
1								
2								
3								
4								
5								
6								
7								
8								

五、知识点回顾

通过本项目的准备、实施、检查、评估等全过程的项目执行内容，同学们学习到了第一阶段钳工操作的基本内容，接下来我们再对前面所学习到的知识点进行回顾，请同学们认真填写表 2-41。

表 2-41　阶段学习知识点回顾

	问题	回答
划线类	什么是平面划线？平面划线是否指在板料上划线	
	什么叫划线基准？平面划线和立体划线时分别要选几个划线基准	
	平面划线基准一般有哪三种类型	
锯削类	锯条的规格是指什么？手锯常用哪种规格的锯条	
	什么是锯条的锯路？它的作用是什么	
	锯齿的粗细是怎样表示的？常用的有哪几种	
	选择锯齿的粗细主要应考虑哪几个因素？为什么	
	安装锯条时应注意哪些问题	
	起锯角一般不应大于多少度？为什么	
锉削类	锉刀分哪几类？它们的规格分别是什么	
	双锉纹锉刀的主锉纹斜角与辅锉纹斜角大小有什么不同	
	锉刀的锉纹号是按什么划分的	
	锉刀型式及锉刀规格的选择分别取决于哪些因素	
	锉削平面的三种方法各有什么优缺点？应如何正确选用	
	锉削凹、凸曲面时，锉刀需分别做哪些运动	

单元三 知识巩固练习

本节是对前面知识的巩固和回顾的练习阶段,非常重要。因此,本节中选取"制作E字板"和"制作100 mm标准V形架"两类不同结构但加工过程相同的典型工件作为学生固化理论和技能学习的练习工件,帮助学生全面掌握该阶段的学习内容,并巩固学生的实际操作行为,让学生在知识学习和实际工件加工过程中掌握本单元技能操作的知识和技术要领。

一、制作E字板

根据图2-45所示零件图及加工要求来制作E字板。

通过制作E字板,达到以下学习目标:

1)巩固划线、锯割、锉削、测量等钳工理论知识和基本操作技能。
2)掌握钳工锯割和锉削的实践技能。
3)掌握E字板加工工艺和操作方法。

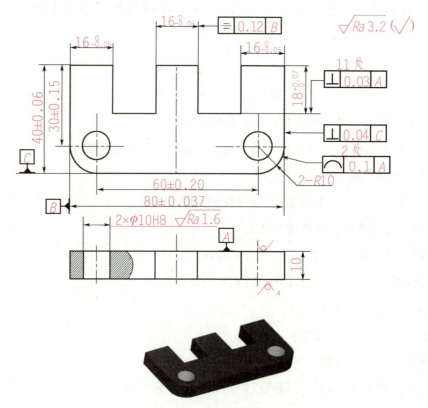

图2-45 E字板及加工要求零件图

1. 使用的刀具、量具和辅助工具

刀口形直尺、万能角度尺、游标卡尺、高度游标卡尺、90°角尺、钻头、整形锉刀、锯弓、锯条、錾子、榔头、钳工锉等。

2. 工件制作步骤

工件的制作步骤按照表2-42所示E字板加工工艺卡进行。

表 2-42 E 字板加工工艺卡

加工步骤	加工内容	图示	备注
1	备料 A3（81 mm × 41 mm × 10 mm）		
2	锉削划线基准 A、C 边		
3	划线：划出 E 字板的全部加工线		
4	孔加工：钻 $\phi 3$ 排孔以及中心孔；钻 $\phi 9.8$ 的大孔，并铰孔 $\phi 10H8$		
5	去除余料：锯削、錾削两缺口		
6	锉削：锉削 E 字板，先加工中间凹块，控制凹块左右与外形尺寸误差值来保证对称，用量块检验；然后加工外形尺寸使其达到技术要求；最后加工外圆弧，并检验		用量块检验
7	去毛刺，全面复检		

3. 技术关键点控制

1）E 字板圆角 R 处的加工基准应从两孔中心取，测量采用 R 规配合量棒进行。

2）去除开口废料采取锯割与钻头排钻进行，注意不要损伤到划线。

4. 质量检查及评分

工件制作完成后认真检测并填写表 2-43 所示 E 字板制作评分表（教师制定评分分值）。

表 2-43　E 字板制作评分表

项次	项目和技术要求	实训记录	配分	得分
1	80±0.037		4	
2	$16_{-0.05}^{0}$（3 处）		5×3	
3	$18_{0}^{+0.07}$（2 处）		5×2	
4	⌒ | 0.1 | A （2 处）		5×2	
5	= | 0.12 | B		7	
6	⊥ | 0.04 | C		4	
7	⊥ | 0.03 | A （11 处）		2×11	
8	Ra3.2（10 处）		1×10	
9	2×ϕ10H8		2×2	
10	30±0.15		4	
11	60±0.20		6	
12	Ra1.6		4	
13	安全文明生产，违者扣 1～10 分			
	总分			

5. 填写项目实施清单

1）各小组讨论加工步骤，填写加工工艺卡片，如表 2-44 所示。

表 2-44　加工工艺卡片

工序号	工序内容	使用设备	工艺参数	工、夹、量具

2）各小组讨论加工步骤，填写加工范围和特点卡片，如表 2-45 所示。

表 2-45　加工范围和特点卡片

项目	锯割	锉削	钻孔
运用范围			
加工特点			
工具使用			
安全生产			

3）各小组讨论加工步骤，填写任务执行中的问题解决卡片，如表 2-46 所示。

表 2-46　任务执行中的问题解决卡片

序号	问题现象	解决方案
1		
2		
3		
4		
5		
6		

4）完成学生自我评价表，如表 2-47 所示。

表 2-47　学生自我评价表

序号	检查的项目	分值	自我测评		小组测评		教师签评	
			结果	得分	结果	得分	结果	得分
1								
2								
3								
4								
5								
6								
7								
8								

二、制作工形板

制作如图 2-46 所示工形板。

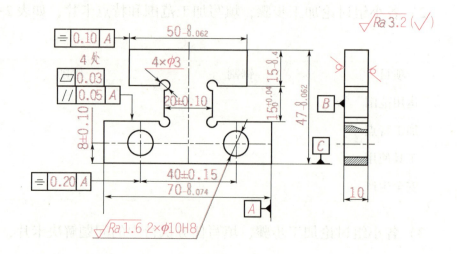

技术要求:
(1) 锐边去毛刺;
(2) 孔口倒角 $C1$。

图 2-46 工字板形状尺寸

1. 使用的刀具、量具和辅助工具

制作图 2-46 所示工形板所用刀具、量具和辅助工具,如表 2-48 所示。

表 2-48 制作工形板所用各类工量具

序号	名称	规格	精度	数量	备注
1	高度游标卡尺	0~300 mm	1级	1把	
2	游标卡尺	自定	1级	1把	
3	外径千分尺	0~25 mm	1级	1把	
4	外径千分尺	25~50 mm	1级	1把	
5	外径千分尺	50~75 mm	1级	1把	
6	外径千分尺	75~100 mm	1级	1把	
7	刀口直角尺	63×100 mm	1级	1把	
8	平板	300×300 mm	1级	1个	
9	V形铁或靠铁	自定		1个	
10	划线工具	自定		1套	
11	锉刀	自定		1把	
12	中心钻	自定		1只	
13	直柄麻花钻	$\phi 3$ mm, $\phi 9.8$ mm		各1只	
14	铰刀	$\phi 10H8$		1把	机、手用均可
15	手锯及锯条	自定		1套	
16	量块	自定		1套	

续表

序号	名称	规格	精度	数量	备注
17	平行垫铁	自定		1副	
18	软钳口	自定		1副	
19	锉刀刷	自定		1个	
20	毛刷	自定		1个	

2. 工件制作步骤

工形板制作步骤参见表2-49所示工形板加工工艺卡。

表2-49 工形板加工工艺卡片

加工步骤	具体加工内容	图示	备注
1	备料：A3（71 mm×50 mm×10 mm），两面磨光处理		
2	按零件图要求锉削工件加工所需基准A、C边（正下侧面和右侧面）		
3	按零件图要求划线，由基准起划出工形板的全部加工线		
4	按零件图要求用$\phi 3$钻头钻消气孔4个，钻$2\times\phi 9.8$（$\phi 10H8$的底孔）的定位孔，最后排钻工字板中心左右15 mm开口材料	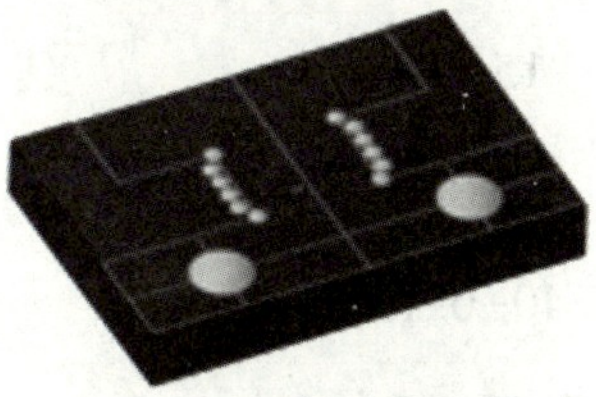	
5	按零件图要求加工左肩，排钻或锯削左肩缺口（基准对边那个缺口）并錾削其缺口，再用锉削的方法将左肩加工至尺寸要求		

加工步骤	具体加工内容	图示	备注
6	按零件图要求加工右肩，排钻或锯削去除右肩材料，再锉削加工右肩缺口。然后加工剩余外形尺寸达到技术要求，并检验		
7	按零件图要求铰孔，用铰刀在2×φ9.8处铰制φ10H8达图纸要求，铰孔完成后对整个工件进行全面复检		

3. 技术关键点

1）加工开口尺寸为15 mm的开口方槽时应注意刀具的选用，加工中不应伤到相邻边，并保证两槽的对称度要求。

2）各锉削直面应注意表面粗糙度的控制，加工纹向应一致，并将锐边倒钝。

3）对直角边的锉削采用什锦锉推锉，注意保持锉面平整，防止中部凹凸。

4）錾切去料时应防止工件夹伤或变形。

4. 质量检查及评分

工件制作完成后认真填写工形板评分表，见表2-50（教师制定评分分值）。

表2-50　制作工形板评分

项次	项目和技术要求	实训记录	配分	得分
1	$70_{-0.074}^{0}$		8	
2	$50_{-0.062}^{0}$		8	
3	$47_{-0.062}^{0}$		8	
4	$15_{0}^{+0.04}$		6×2	
5	20±0.10		5	
6	40±0.15		4	
7	8±0.10（2处）		2×2	
8	4×C1		1×4	
9	2×φ10H8（2处）		4×2	
10	▱ 0.03 （4处）		2×4	
11	= 0.20 A		8	
12	= 0.10 A		8	

续表

项次	项目和技术要求	实训记录	配分	得分
13	// 0.05 A （4处）		2×4	
14	Ra3.2（12处）		0.5×12	
15	Ra1.6（2处）		0.5×2	
16	安全文明生产，违者扣1~10分			

5. 项目实施清单

1) 各小组认真按照项目要求，合作完成加工工艺卡片，如表2-51所示。

表2-51 加工工艺卡片

工序号	工序内容	使用设备	工艺参数	工、夹、量具

2) 各小组认真按照项目要求，合作完成粗锉与精锉的加工范围和特点卡片表，如表2-52所示。

表2-52 粗锉与精锉的加工范围和特点卡片

项目	粗锉	精锉
运用范围		
加工特点		
工具使用		
安全生产		

3）各小组认真按照项目要求，合作完成任务执行中的问题解决卡片，如表2-53所示。

表2-53　任务执行中的问题解决卡片

序号	问题现象	解决方案
1		
2		
3		
4		
5		

4）任务执行中学生自我评价表见表2-54。

表2-54　学生自我评价表

序号	检查的项目	分值	自我测评		小组测评		教师签评	
			结果	得分	结果	得分	结果	得分
1								
2								
3								
4								
5								
6								
7								

模块三

钳工型孔加工

钳工型孔加工是指钳工利用钻头、铰刀、丝锥等刀具对加工物体的内表面进行形状改造或表面粗糙度处理的过程。其在钳工技能活动中应用非常广泛，也是本单元钳工理论和技能学习的重点。钳工型孔加工的范围主要包括工件的钻孔、铰孔、锪孔、攻丝等机械加工，学习过程中涉及理论知识和实操部分，知识点丰富，容易引起学生兴趣，以使学生掌握钳工的综合技能。

通过本单元的学习应使学生掌握以下目标。

1) 熟知机床及钳工操作的安全操作过程。
2) 了解常用钻头的结构特点。
3) 了解丝锥的结构特点及类型。
4) 掌握标准麻花钻的刃磨及修磨方法。
5) 掌握标准群钻的结构特点及刃磨方法。
6) 熟悉钻孔、扩孔、锪孔、铰孔的基本工艺。
7) 熟练掌握攻、套螺纹的工艺方法。
8) 熟练掌握各种孔的工艺方法。
9) 能够分析和解决钻孔、扩孔、锪孔、铰孔及攻、套螺纹时经常出现的各种缺陷。
10) 基本掌握操作要领及注意事项，操作姿势基本正确。
11) 初步形成正确使用钳工常用刀具、量具的基本技能。
12) 具备按图独立加工的基本技能。

【单元学习流程】

单元一 钳工型孔加工的工艺认知

一、钻孔

钻孔是指用钻头在实体材料上加工出孔的操作,如图 3-1 所示。

图 3-1 钻孔

钻削的特点是钻头转速高;摩擦严重、散热困难、热量多、切削温度高;切削量大、排屑困难、易产生振动。钻头的刚性和精度都较差,故钻削加工精度低,一般尺寸精度为 IT11~IT10,表面粗糙度为 $Ra100~25\ \mu m$。

1. 钻头(麻花钻)

(1)麻花钻钻头的构造

麻花钻由柄部、颈部和工作部分(工作部分包括切削部分和导向部分)组成,如图 3-2 所示。麻花钻一般由高速钢 W18Cr4V 或 W9Cr4V2 制成,淬硬后的硬度为 HRC62~68。

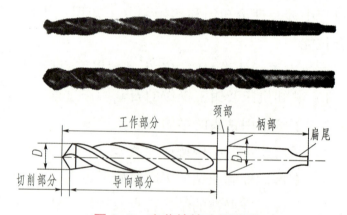

图 3-2 麻花钻钻头构造图

1)柄部是钻头的夹持部分,用于装夹定心和传递扭矩动力。钻头直径 D 小于 12 mm 时,柄部为圆柱形;钻头直径 D 大于 12 mm 时,柄部一般为莫氏锥度。

2)颈部是工作部分和柄部之间的连接部分,用作钻头磨削时砂轮退刀用,并用来刻印商标和规格号等。

3)工作部分包括切削部分和导向部分。切削部分主要起切削作用,其由前、后刀面及横刃、两主切削刃组成,如图 3-3 所示。

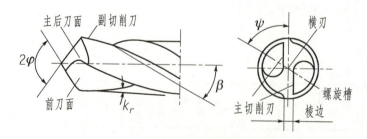

图 3-3 麻花钻头切削部分

导向部分有两条螺旋形棱边,在切削过程中起导向及减少摩擦的作用。两条对称螺旋槽起排屑和输送切削液的作用。在钻头重磨时,导向部分逐渐变为切削部分投入切削工作。

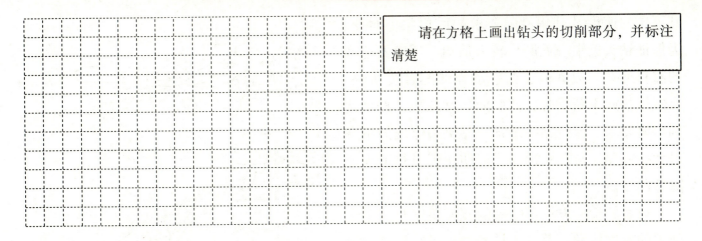

切削部分的六面和五刃指的是哪里？

(2) 标准麻花钻的刃磨

标准麻花钻的刃磨要求两刃长短一致，顶角对称。

顶角通常为 118°±2°，外缘处的后角通常为 10°~14°，横刃斜角为 50°~55°。两主切削刃长度以及和钻头轴心线组成的两角要相等，否则在钻孔时将使钻出的孔扩大或歪斜。同时，由于两主切削刃所受的切削抗力不均衡，造成钻头很快磨损。两个主后面要刃磨光滑。

什么叫标准麻花钻？

标准麻花钻的刃磨方法：两手握法，右手握住钻头的头部，左手握住柄部；钻头与砂轮的相对位置，钻头轴心线与砂轮圆柱母线在水平面内的夹角等于钻头顶角的一半，被刃磨部分的主切削刃处于水平位置。

刃磨动作如图 3-4 所示：将主切削刃在略高于砂轮水平中心平面处，先接触砂轮，右手缓慢地使钻头绕自己的轴线由下向上转动，同时施加适当的刃磨压力，这样可使整个后面都磨到。左手配合右手，做缓慢的同步下压运动，刃磨压力逐渐加大，这样就便于磨出后角，其下压的速度及其幅度随要求的后角大小而变，为保证钻头近中心处磨出较大后角，还应做适当的右移运动。刃磨时，两手动作的配合要协调、自然。按此不断反复，两后面经常轮换，直至达到刃磨要求。保持钻头冷却，钻头刃磨压力不宜过大，并要经常蘸水冷却，以防止因过热退火而降低硬度。

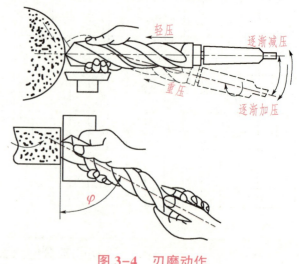

图 3-4 刃磨动作

刃磨的检验方法：钻头的几何角度及两主切削刃的对称要求，可利用检验样板进行检验，但在刃磨过程中最常用的还是目测法。目测检验时，把钻头切削部分向上竖立，两眼平视，由于两主切削刃一前一后会产生视差，往往感到左刃（前刃）高而右刃（后刃）低，所以要旋转180°后反复看几次，如果结果一样，就说明对称了。钻头外缘处的后角要求可通过外缘处靠近刃口部分后刀面的倾斜情况来进行直接目测。近中心处的后角要求可通过控制横刃斜角的合理数值来保证。

理论知识再好的人如果没有手把手地练习刃磨的方法和技巧，第一次去刃磨一个标准麻花钻，十有八九是不能成功的。其原因是理论还没有对实践起指导作用，还没有掌握刃磨的技能和技巧。比如，常用的标准麻花钻虽然只刃磨两个主后刀面和修磨横刃，但在刃磨以后要保证顶角、横刃斜角，并使两主切削刃长短相等、左右等高，而且在修磨横刃以后要使钻头在钻孔过程中切削轻快、排屑正常，确实有一定的难度。钻头各部分的刃磨方法如表3-1所示。

表 3-1 钻头各部分的刃磨方法

刃磨内容	图例	修磨方法
横刃		一方面要磨短横刃，另一方面要增大横刃处的前角。一般直径5 mm以上的钻头均需磨短横刃，使横刃成为原来长度的$\frac{1}{5} \sim \frac{1}{3}$，并形成内刃，内刃斜角$\gamma = 0° \sim 15°$。横刃修磨后，可减小轴向阻力

续表

刃磨内容	图例	修磨方法
主切削刃		将钻头磨出第二顶角 $2\varphi_0 = 70° \sim 75°$，过渡刃 $f_0 = 0.2D$，其目的是增加切削刃的总长、增大刀尖角 ε，从而增加刀齿强度、改善散热条件、提高切削刃与棱边交角处的抗磨性、延长钻头使用寿命，也有利于减小孔壁表面粗糙度
棱边		在靠近主切削刃的一段棱边上磨出副后角 $\alpha_0 = 6° \sim 8°$，并使棱边宽度为原来的 $\frac{1}{3} \sim \frac{1}{2}$。其目的是减小棱边对孔壁的摩擦，提高钻头耐用度
前面		把主切削刃与副切削刃交角处的前面磨去一块，以减小该处的前角。其目的是在钻削硬材料时可提高刀齿的强度，而在钻削黄铜等软材料时又可以避免由于切削刃过于锋利而引起扎刀现象
分屑槽		直径大于 15 mm 的麻花钻，可在钻头的两个主后面上磨出几条相互错开的分屑槽。这些分屑槽可将原来的宽切屑割成几条窄切屑，有利于切屑的排除。有些钻头在制造时已磨出分屑槽，故不必再修磨分屑槽了

在掌握了方法和技巧以后，刃磨出一个合格的标准麻花钻也并不是很难。首先要树立起信心，信心决定动力。其次要明确地做到少磨多看，盲目地刃磨，越磨越盲目，把一支长长的钻头磨完了，还不知其所以然，只有少磨多看，多分析、多理解，理论才会慢慢地指导实践。少磨，就是在不得要领时少磨甚至不磨，这样可以节约盲目刃磨产生的浪费，也可以潜心研究如何磨；多看，就是看书本上的知识、图解，看师傅的刃磨动作，看刃磨好的、合格

的标准麻花钻，看各种有刃磨缺陷的麻花钻，静心、用心地看是非常重要的，以使之对麻花钻的"好"与"坏"有一个基本的认识。

这里运用四句口诀来指导刃磨过程，效果较好。

口诀一：刃口摆平轮面靠。其表示钻头与砂轮的相对位置。往往有人还没有把刃口摆平就靠在砂轮上开始刃磨了，这样肯定是磨不好的。这里的"刃口"是指主切削刃，"摆平"是指被刃磨部分的主切削刃处于水平位置，"轮面"是指砂轮的表面，"靠"是慢慢靠拢的意思。此时钻头还不能接触砂轮。

口诀二：钻轴斜放出锋角。其表示钻头轴心线与砂轮表面之间的位置关系。"锋角"即顶角118°±2°的一半，约为60°，这个位置很重要，直接影响钻头顶角大小及主切削刃形状和横刃斜角。大家应记得常用的一块30°、60°、90°三角板中60°的角度，以便于掌握。口诀一和口诀二都是指钻头刃磨前的相对位置，二者要统筹兼顾，不要为了摆平刃口而忽略了摆好斜角，或为了摆好斜放轴线而忽略了摆平刃口，在实际操作中往往会出现这些错误。此时钻头在位置正确的情况下准备接触砂轮。

口诀三：由刃向背磨后面。这里是指从钻头的刃口开始沿着整个后刀面缓慢刃磨，这样便于散热和刃磨。在稳定巩固口诀一和口诀二后，钻头可轻轻接触砂轮，进行较少量的刃磨，刃磨时要观察火花的均匀性，及时调整压力大小，并注意钻头的冷却。当冷却后重新开始刃磨时，要继续摆好口诀一和口诀二的位置，这一点在初学时不易掌握，常常会不由自主地改变其位置的正确性。

口诀四：上下摆动尾别翘。这个动作在钻头刃磨过程中也很重要，不要在刃磨时把"上下摆动"变成了"上下转动"，使钻头的另一主刀刃被破坏。同时钻头的尾部不能高翘于砂轮水平中心线以上，否则会使刃口磨钝，无法切削。

在基本掌握上述四句口诀中的动作要领的基础上，要及时对钻头的后角进行处理，此时要充分注意，不能磨得过大或过小。过大后角的钻头在钻削时，孔口呈三边或五边形，振动厉害，切屑呈针状；过小后角的钻头在钻削时轴向力很大，不易切入，钻头发热严重，无法钻削。通过比较、观察、反复地"少磨多看"试钻及对横刃的适当修磨，就能较快地掌握麻花钻的正确刃磨方法，较好地控制后角的大小。当试钻时，钻头排屑轻快，无振动，孔径无扩大，则可以较好地转入其他类型钻头的刃磨练习。

请写出标准麻花钻的刃磨步骤。

（3）标准群钻的刃磨

"群钻"这个词是 20 世纪 50—60 年代技工倪志福创新的，它代表具有我国机械加工特色的高效钻头刃型。其最大的特点是：在不改变原有的条件下，只需在刃磨中改变钻头切削刃的几何角度，不花钱，就能立竿见影地提高 3~5 倍的加工效率，甚至更高；曾在全国各地推广过，受到机械加工行业的普遍赞扬，得到了国外同行们的高度重视，20 世纪 80 年代获得了联合国世界知识产权组织金质奖章。由于群钻在钻孔中的突出作用，所以在钻头的刃磨中我们将全面介绍和学习群钻的磨法。

> **简单描述一下群钻的定义。**

标准群钻的形状如图 3-5 所示，其外刃磨出比较大锋角的外直刃，中段磨出内凹的圆弧刃，钻心部分磨出内直刃和很短的横刃。群钻共有七条主切削刃，外形呈现三个钻尖。横刃修磨后高度降低，且变窄变尖，并使横刃处前角增大。直径较大的钻头在一侧外刃再开一条或两条分屑槽。

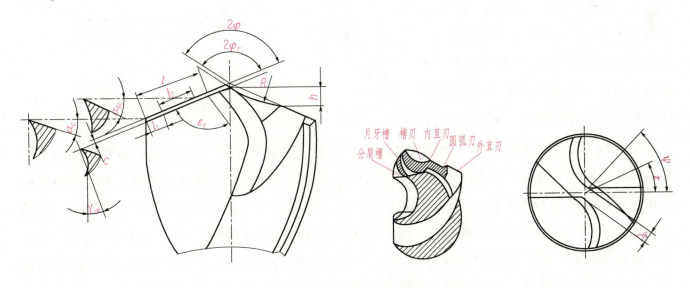

图 3-5 标准群钻的形状

标准群钻刃磨后需控制的主要参数如表 3-2 所示，包含各角度与尺寸参数的名称符号与数值。

表 3-2 标准群钻的几何参数

角度		尺寸	
外刃顶角	$2\varphi = 125°$	外刃长	$l = 0.2d\ (d > 15)$
			$l = 0.3d\ (d \leq 15)$
内刃顶角	$2\varphi_r = 135°$	尖高	$h = 0.1d$
圆弧刃尖角	$\varepsilon_r = 135°$	圆弧半径	$R = 0.1d$
横刃斜角	$\psi = 65°$	横刃长	$b_\varphi = 0.03d$
内刃斜角	$\tau = 25°$	屑槽宽	$l_2 = (1/2 \sim 1/3)l$
内刃前角	$\gamma_{o\tau} = -15°$	屑槽距	$l_1 = (1/3 \sim 1/4)l$
外刃后角	$\alpha_c = 8°$	屑槽深	$c = (1 \sim 1.5)l$
圆弧刃后角	$\alpha_{Rc} = 15°$		

群钻的刃磨有机械刃磨和手工刃磨两种。机械刃磨的质量好、效率高，但需要专门的刃磨工具，适用于大批量生产。而在一般没有专门刃磨工具的工厂中，只能采用手工刃磨。手工刃磨群钻一般在砂轮机上进行，刃磨前应将砂轮的外圆、两侧面及圆角进行仔细地修整。修整后的砂轮要平整，表面不得有跳动现象，砂轮圆角半径不得大于群钻圆弧刃的半径。标准群钻的刃磨方法和步骤如下。

1) 磨外直刃。刃磨方法如图 3-6 所示，右手握住钻头前端，控制钻头绕轴心线的转动和刃磨时的压力，左手握住钻头的柄部做上下摆动。磨削时，将钻头主切削刃放平，并轻靠在砂轮圆角的中心面上。钻头的轴线

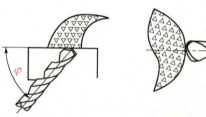

图 3-6 外直刃刃磨方法

在水平面内与砂轮轴线的夹角等于顶角（2φ）的一半。开始刃磨时压力要轻，随着钻柄向下摆动和钻头绕轴线的转动，压力逐渐增大；反向时压力逐渐减小，钻柄摆动的角度大致与钻头的后角相等。必须注意不要使钻尾的高度超过切削部分，否则会出现后负角，使钻头无法钻孔。刃磨时，如果钻头的主切削刃先接触砂轮，则在钻头绕轴线转动时钻柄向下摆动。如果钻头后刀面的下方先接触砂轮，则在钻头绕轴线转动时钻柄向上摆动。这两种方式均可采用，但在最后精磨时，应由切削刃向后磨，切不可反向磨削，否则易产生毛刺或使切削刃退火。

刃磨过程中，应经常检查刃磨质量。检查时，把钻头切削刃朝上竖立，两眼平视，观察两外直刃是否对称。为了避免两切削刃一前一后产生误差，造成判断错误，观察时应将钻头绕轴线转 180°，反复进行观察。

2) 磨圆弧刃。磨圆弧刃的方法如图 3-7 所示，将钻头主切削刃放在钻头轴线与砂轮侧面夹角约为内刃顶角（$2\varphi_r = 135°$）的一半（$\varphi_r = 67.5°$）处。钻尾向下与水平面的夹角约等于圆

弧刃后角（$\alpha_{Rc} = 15°$）。刃磨时，将钻头切削刃靠上砂轮圆角，磨削点位置大致与砂轮中心等高，然后将钻头缓慢而平稳地推向前磨削，形成圆弧刃。磨出的圆弧刃应保证所要求的圆弧半径 R、外刃长度 l 和钻头高度 h。如果砂轮的圆角半径小于要求的圆弧半径，则还要将钻头在水平面内做微量摆动，以达到所需的 R 值。一条圆弧刃磨好后，将钻头翻转 180°，仍按原来位置和操作方法刃磨另一条圆弧刃，要控制刃磨深度和形状保持一致。刃磨时，必须注意钻头能保持一定的位置逐渐靠向砂轮的圆角，不可像磨外直刃那样上下摆动钻柄和绕自身轴线转动。

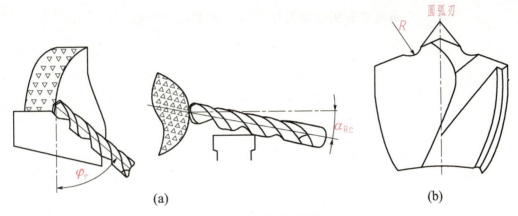

图 3-7 圆弧刃刃磨方法

（a）磨削方法；（b）磨削后的圆弧刃

刃磨后可用目测法或用钢直尺、半径样板等量具来检查各部分形状和尺寸。

3）修磨横刃。修磨方法如图 3-8 所示，将钻头横刃轻轻接触砂轮的边角，并使磨削点位于砂轮的中心平面上。钻头轴线自砂轮侧面左倾斜约 15°，钻柄向下倾斜约 55°。开始修磨时，主切削刃与砂轮端面夹角约成 25°，磨削点逐渐由外刃背向钻心移动，磨出内直刃的前面，可绕轴心稍做旋转，以形成较大的前角。修磨完一面后，将钻头翻转 180°，修磨另一面。

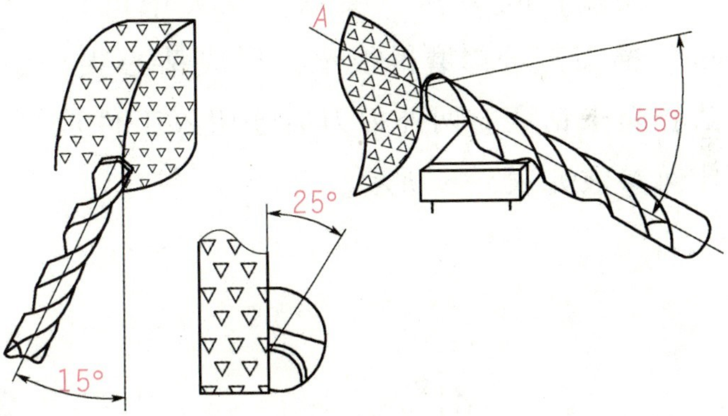

图 3-8 横刃刃磨方法

修磨横刃时，选择砂轮的圆角半径要小，砂轮直径也不宜过大，否则难以修磨好横刃，而且容易磨掉相邻部位。两面的修磨量要均衡对称，两角大小一致，钻心不能磨得太薄。

修磨后，应检查内直刃的对称性和斜角是否一致，图 3-9 所示为从钻头顶面检查两内直刃斜角的一致性。

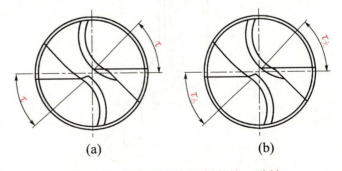

图 3-9 检查两内直刃斜角的一致性

（a）内直刃斜角一致；（b）内直刃斜角不一致

4）修磨分屑槽。在钻头的后刀面上磨出分屑槽，一般适用于直径大于15 mm的钻头。可选用小型片状砂轮，砂轮的圆角要修得小一些。修磨时，使钻头的外直刃与砂轮侧面相垂直，磨削点位置大致与砂轮中心高度相等，分屑槽开在外直刃的中间，用右手食指在砂轮机罩壳侧面定位，如图3-10所示。

修磨分屑槽的方法与磨削外直刃的方法基本相同，要随时注意观察，控制分屑槽的槽距、槽宽和槽深。

> 请简单分析标准群钻与标准麻花钻的区别。

（4）薄板群钻的刃磨

薄板群钻的形状如图3-11所示，两切削刃外缘磨成锋利的刀尖，比钻心尖稍低，形成三个尖端，故又称三尖钻。三尖中间的主切削刃磨成圆弧刃，深度比薄板厚度大1 mm，横刃部分修磨得很窄，形成钻心尖。钻孔时，钻心尖先切入工作，起定心作用，当钻心尚未钻穿时两外刃刀尖已切入工件成圆环槽，并迅速切出所要求的孔。薄板群钻的几何参数如表3-3所示。

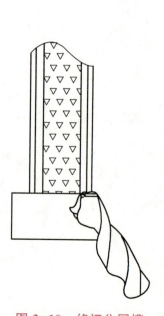

图3-10 修订分屑槽

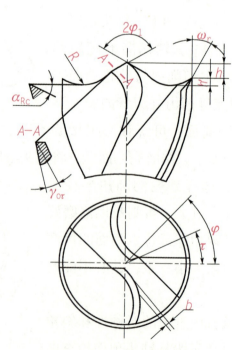

图3-11 薄板群钻

表 3-3 薄板群钻的几何参数

钻头直径 D/mm	横刃长 b/mm	尖高 h/mm	圆弧半径 R/mm	圆弧深度 h'/mm	内刃顶角 $2\varphi_1$/(°)	刀尖角 ε_r/(°)	内刃前角 $\gamma_{o\tau}$/(°)	圆弧后角 α_{Rc}/(°)
5~15	(0.2~0.3)D	0.5	用单圆弧连接	>(δ+1)	110	40	-10	15
>15~30	0.2D	1	用双圆弧连接					12
>30~40	0.2D	1.5						

薄板群钻的刃磨方法及步骤如下。

1) 磨圆弧刃：先将砂轮一侧修成较大的圆角，钻头的圆弧刃即在圆角处进行修磨，如图 3-12 所示。刃磨时，双手的操作方法和磨钻头外直刃时基本相同，只是还要以右手作为支点，左手绕砂轮圆角在水平反向做来回摆动，逐步由浅入深形成一定的圆弧，直至将外刃磨尖，并控制一定的深度。一条圆弧刃磨好后，将钻头翻转180°，再刃磨另一条，要注意两条圆弧必须对称，外刃尖要等高，中心钻尖略高于外刃尖。

2) 修磨横刃：修磨横刃的方法也和标准群钻相同，只是修磨得更窄、更尖。由于磨削量较大，故必须分几次修磨，防止钻尖过热。产生退火。修磨时，可两面交替进行，两面的修磨量要相等，使钻尖处于钻头中心位置，不可偏移，否则会影响定心效果。

薄板群钻刃磨时，先进行试钻，主要检查刃磨后钻尖是否在钻心处、两外刃尖是否等高，如图 3-13 所示。如果刃磨正确，则钻心中心位置不变，两外刃尖同时切入工件；如果只有一处刃尖切入工件，则应认准位置，将该刃尖稍为磨低些，再进行试钻，直至合乎要求。

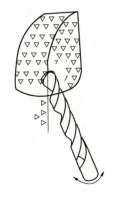

图 3-12 磨圆弧刃

图 3-13 试钻

请简单描述薄板群钻三刃之间的作用。

(5) 精孔钻及其刃磨

精孔钻的形状如图 3-14 所示，它们都磨有双重顶角，铸铁精钻孔为 120°和 75°；钢材（中碳钢）精钻孔为 120°和 50°。第二顶角处的长度为 3 mm，外缘尖角处研磨出半径为 0.2 mm 的小圆角，在刃带 4~5 mm 的长度上磨出 6°~8°的副后角，并保留 0.2 mm 的刃带宽度。钢材精孔钻还需要磨修前刀面，形成 10°~15°的刃倾角和 20°的前角。

精孔钻的刃磨方法和步骤如下。

1）磨第二锋角。第二锋角是在第一锋角刃磨后进行的（如图 3-14 中的 120°外刃锋角为第一锋角，75°处为第二锋角），刃磨方法与磨第一锋角相同（见图 3-15），只是钻头轴线与砂轮轴线的夹角等于第二锋角的一半。刃磨时，必须控制切削刃对称，并保持新的切削刃长度 3 mm。

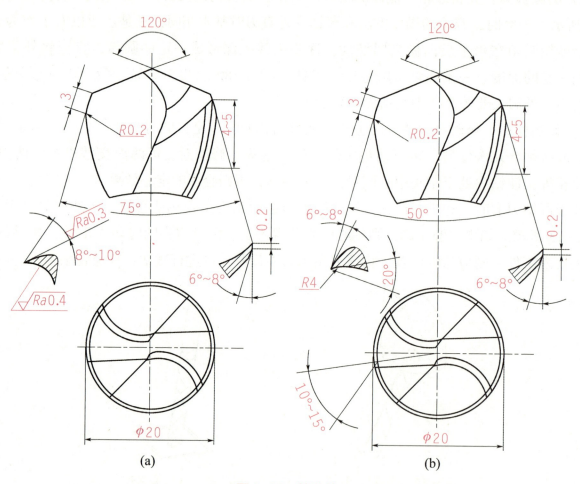

图 3-14　精孔钻

(a) 铸铁精孔钻；(b) 钢材精孔钻

2）磨副后角。磨副后角时钻头轴线基本与砂轮端面平行，在靠近砂轮边缘处修磨，如图 3-16 所示。修磨时要控制只磨刃带长 4~5 mm 处，并稍做转动以形成副后角。

3）修磨前刀面。修磨时，将钻头前刀面轻轻靠向砂轮侧面，如图 3-17 所示。钻头轴线在垂直面内与水平线夹角约 65°，前刀面向内倾斜 20°，并向前倾 10°~15°，以形成 20°的前角和 10°~15°的刃倾角。

模块三 钳工型孔加工

图 3-15 磨第二锋角

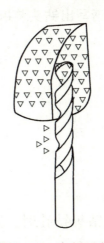

图 3-16 磨削后角

图 3-17 修磨前刀面

4）研磨主切削刃的前刀面和后刀面。用较细的油石对钻头主切削刃的前、后刀面进行研磨，如图 3-18 所示。要求研磨后的表面粗糙度值达到 $Ra0.4\ \mu m$，并在外缘尖角处研磨出半径为 0.2 mm 的小圆角，在钻精孔时，能起修光孔壁的作用。

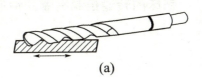
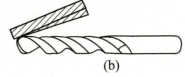

图 3-18 研磨前刀面和后刀面

(a) 研磨前刀面；(b) 研磨后刀面

请简单描述精孔钻与普通钻之间的区别。

2. 钻孔

（1）钻孔的技术关键点

1）钻头的装拆。直柄钻头是用钻夹头夹紧后装入钻床主轴锥孔内的，可用钻夹头紧固扳手夹紧或松开钻头。锥柄钻头可通过钻头套变换成与钻床主轴锥孔相适宜的锥柄后装入钻床主轴，连接时应将钻头锥柄及主轴锥孔与过渡钻头套擦拭干净，对准腰形孔后用力插入。拆钻头时用斜铁插入腰形孔，轻击斜铁后部，将钻头和钻套退下。钻头的装拆如图 3-19 所示。

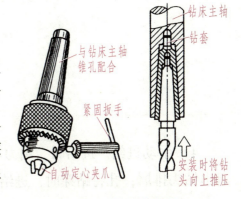

图 3-19 钻头的装拆

> **请写出钻头装拆的方法。**

2）转速的调整。用直径较大的钻头钻孔时，主轴转速应较低；用小直径的钻头钻孔时，主轴转速可较高，但进给量要小些。主轴的变速可通过调整带轮组合来实现。

> **钻床的转速控制有哪几种形式？**

3）起钻。钻孔时，先使钻头对准钻孔中心钻一浅坑，观察钻孔位置是否正确。如偏位，需进行校正。校正方法为：如偏位较少，可在起钻的同时用力将工件向偏位的反方向推移，得到逐步校正；如偏位较多，可在校正中心打上几个样冲眼或用錾子凿出几条槽来加以纠正。需注意，无论哪种方法都必须在锥坑外圆小于钻头直径前完成。

> **为什么钻孔时，先使钻头对准钻孔中心起钻一浅坑？**

4）手动进给。进给时，用力不应过大，否则钻头易产生弯曲；钻小直径孔或深孔时要经常退出钻头排屑；孔将钻穿时，进给力必须减小，以防造成扎刀。

钻孔有几种进给方式？如何选择？

5）钻孔时的切削液。为提高钻头的耐用度及改善孔的加工质量，钻钢件时一般要加切削液，可选用3%~5%的乳化液或机油，而钻铸铁时一般不用。

钻孔时加切削液有什么作用？

6）钻削用量的选择。高速钢标准麻花钻可参考表3-4选择进给量，参考表3-5选择切削速度。

表3-4　高速钢标准麻花钻的进给量

钻头直径 D/mm	<3	3~6	6~12	12~25	>25
进给量 f/(mm·r^{-1})	0.025~0.05	0.05~0.10	0.10~0.18	0.18~0.38	0.38~0.62

表3-5　高速钢标准麻花钻的切削速度

加工材料	硬度 HB	切削速度 v/(m·min^{-1})	加工材料	硬度 HB	切削速度 v/(m·min^{-1})
低碳钢	100~125	27	可锻铸铁	110~160	42
低碳钢	125~175	24	可锻铸铁	160~200	25
低碳钢	175~225	21	可锻铸铁	200~240	20
灰铸铁	100~140	33	可锻铸铁	240~280	12
灰铸铁	140~190	27	铝、镁合金	—	75~90
灰铸铁	190~220	21	铜合金	—	20~48
灰铸铁	220~260	15	高速钢	200~250	13
灰铸铁	260~320	9			

续表

加工材料	硬度 HB	切削速度 $v/(\text{m}\cdot\text{min}^{-1})$	加工材料	硬度 HB	切削速度 $v/(\text{m}\cdot\text{min}^{-1})$
中、高碳钢	125～175	22	球墨铸铁	140～190	30
	175～225	20		190～225	21
	225～275	15		225～260	17
	275～325	12		260～300	12
合金钢	175～225	18	铸钢	低碳	24
	225～275	15		中碳	18～24
	275～325	12		高碳	15
	325～375	10			

（2）钻孔的方法

1) 钻孔时的工件划线。按钻孔的位置尺寸要求划出孔位的十字中心线，并打上中心冲眼（要求冲眼要小、位置要准），如图3-20所示。按孔的大小划出孔的圆周线。钻直径较大的孔，还应划出几个大小不等的检查圆，以便钻孔时检查和借正钻孔位置。当钻孔的位置尺寸要求较高时，为了避免敲击中心冲眼时所产生的偏差，也可直接划出以孔中心线为对称中心的

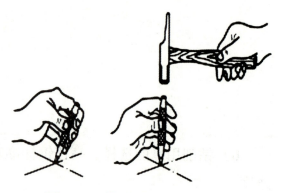

图3-20 钻孔时的工件划线

几个大小不等的方格，作为钻孔时的检查线，然后将中心冲眼敲大，以便准确落钻定心。

2) 工件的装夹。工件钻孔时，要根据工件的不同形状以及钻削力的大小（或钻孔的直径大小）等情况，采用不同的装夹（定位和夹紧）方法，以保证钻孔的质量和安全。常用的装夹方法如下。

①平整的工件可用平口钳装夹，装夹时应使工件表面与钻头垂直。钻直径大于8 mm的孔时，必须将平口钳用螺栓、压板固定。用虎钳夹持工件钻通孔时，工件底部应垫上垫铁，空出落钻部位，以免钻坏虎钳。

②圆柱形的工件可用V形架对工件进行装夹，装夹时应使钻头轴心线与V形架二斜面的对称平面重合，以保证钻出孔的中心线通过工件轴心线。

③异型零件、底面不平或加工基准在侧面的工件，可用角铁进行装夹。由于钻孔时的轴向钻削力作用在角铁安装平面之外，故角铁必须用压板固定在钻床工作台上。

常用的基本装夹方法如表3-6所示。

表 3-6 常用的基本装夹方法

装夹方法	图例	注意事项
用手握持		1）钻孔直径在 8 mm 以下； 2）工件握持边应倒角； 3）孔将钻穿时进给量要小
用平口钳夹持工件		用于直径在 8 mm 以上或用手不能握牢的小工件
用 V 形架配以压板夹持		1）钻头轴心线位于 V 形架的对称中心； 2）钻通孔时，应将工件钻孔部位离 V 形架端面一段距离，避免将 V 形架钻坏
用压板夹持工件		1）钻孔直径在 10 mm 以上； 2）压板后端需根据工件高度用垫铁调整
用钻床夹具夹持工件		适用于钻孔精度要求高、零件生产批量大的工件

3）钻孔起钻。先使钻头对准钻孔中心起钻出一浅坑，观察钻孔位置是否正确，并要不断校正，使起钻浅坑与划线圆同轴。

借正方法：如偏位较少，可在起钻的同时用力将工件向偏位的反方向推移，达到逐步校正；如偏位较多，可在校正方向打上几个中心冲眼或用油槽錾錾出几条槽，以减小此处的钻削阻力，达到校正目的。但无论何种方法，都必须在锥坑外圆小于钻头直径之前完成，这是保证达到钻孔位置精度的重要一环。如果起钻锥坑外圆已经达到孔径，而孔位仍偏移，则再校正就困难了。

> 钻起钻孔时应该选择什么样的钻头？

4）钻孔进给操作（见图3-21）。当起钻达到钻孔的位置要求后，即可压紧工件完成钻孔。手进给时，进给用力不应使钻头产生弯曲现象，以免使钻孔轴线歪斜；钻小直径孔或深孔时，进给力要小，并要经常退钻排屑，以免切屑阻塞而扭断钻头，一般在钻深达直径的3倍时，一定要退钻排屑，钻孔将穿时，进给力必须减小，以防进给量突然过大，增大切削抗力，造成钻头折断，或使工件随着钻头转动而造成事故。

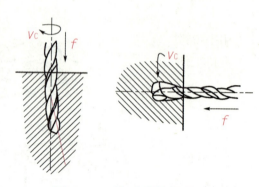

图3-21 钻孔进给操作

表3-7列出了常用的基本钻孔方法。

表3-7 常用的基本钻孔方法表

名称	图例	加工方法
在斜面上钻孔		1）在工件钻孔处铣一小平面后钻孔； 2）用錾子先錾一小平面，再用中心钻钻一锥坑后钻孔
钻深孔		用较长钻头加工，加工时要经常退钻排屑，如为不通孔，则需注意测量与调整钻深挡块
钻半圆孔与骑缝孔		1）可把两件合起来钻削； 2）两件材质不同的工件钻骑缝孔时，样冲眼应打在略偏向硬材料的一边； 3）使用半孔钻

5）钻孔时的切削液使用。为了使钻头散热冷却，减少钻削时钻头与工件、切屑之间的摩擦，以及消除黏附在钻头和工件表面上的积屑瘤，从而降低切削抗力、提高钻头寿命和改善加工孔表面的表面质量，钻孔时要加注足够的切削液。钻钢件时，可用3%～5%的乳化液；钻铸铁时，一般可不加或用5%～8%的乳化液连续加注。

6）钻精孔的方法。精孔钻起扩孔钻的作用，所以在工件上应先钻出底孔。底孔的表面粗糙度值小于 $Ra6.3\ \mu m$，留给精扩的余量：铸铁为0.5～0.8 mm；中碳钢为0.5～1 mm。精孔钻的转速：铸铁为210～230 r/mm；中碳钢为100～120 r/min。进给必须缓慢，进给量：铸铁为0.05～0.1 mm/r，中碳钢为0.08～0.15 mm/r。钻削铸铁时应注入充足的5%～8%乳化油水溶液；钻削中碳钢时注入机油作为切削液。精钻孔的钻孔精度均可达到0.04 mm 以内，表面粗糙度值为 $Ra1.6～0.8\ \mu m$。

7）钻孔时的废品形式如表3-8所示。

表3-8 钻孔时的废品形式

废品形式	产生原因
孔偏移	划线或样冲不准，刚钻偏时未及时借正孔位，工件装夹不紧而松动
孔歪斜	钻头与工件表面不垂直，进刀量太大使钻头弯曲，钻头两主切削角度不等
孔径扩大	钻头两主切削刃长度不等

（3）钻孔安全注意事项

1）操作钻床时不可戴手套，袖口必须扎紧，女工必须戴工作帽。

2）用钻夹头装夹钻头时，要用钻夹头钥匙，不可用扁铁和手锤敲击，以免损坏夹头及影响钻床主轴精度。工件装夹时，必须做好装夹面的清洁工作。

3）工件必须夹紧，特别在小工件上钻较大直径孔时装夹必须牢固。孔将钻穿时，要尽量减小进给力。在使用过程中，工作台面必须保持清洁。

4）开动钻床前，应检查是否有钻夹头钥匙或斜铁插在钻轴上。使用前必须先空转试车，待机床各机构都能正常工作时才可操作。

5）钻孔时不可用手和棉纱头或用嘴吹来清除切屑，必须用毛刷清除，钻出长条切屑时，要用钩子钩断后除去。钻通孔时必须使钻头能通过工作台面上的让刀孔，或在工件下面垫上垫铁，以免钻坏工作台面。钻头用钝后必须及时修磨锋利。

6）操作者的头部不准与旋转着的主轴靠得太近，停车时应让主轴自然停止，不可用手去刹住，也不能反转制动。

7）严禁在开车状态下装拆工件。检验工件和变换主轴转速，必须在停车状况下进行。

8）清洁钻床或加注润滑油时必须切断电源。

9）钻床不用时必须将机床外露滑动面及工作台面擦净，并对各滑动面及各注油孔加注润滑油。

二、扩孔

用扩孔钻或麻花钻等扩大工件孔径的方法称为扩孔，如图3-22所示。

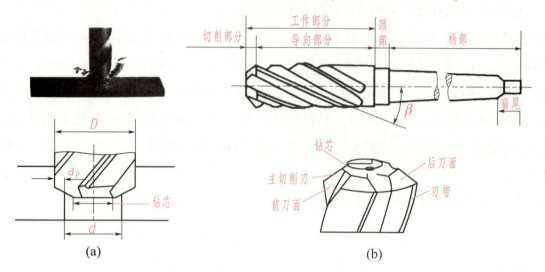

图3-22 扩孔
（a）扩孔加工；（b）扩孔钻结构

扩孔钻一般用于孔的半精加工或终加工，用于铰或磨前的预加工或毛坯孔的扩大，有3~4个刃带，无横刃，前角和后角沿切削刃的变化小，加工时导向效果好、轴向抗力小，切削条件优于钻孔。结构样式与螺旋铰刀基本一致，特殊条件下也用标准麻花钻磨制扩孔钻，如图3-23所示。

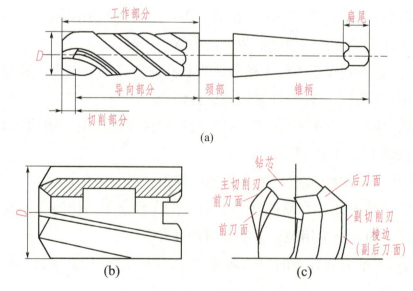

图3-23 扩孔钻

标准扩孔钻的刃磨主要在出厂前就刃磨到位，磨损后在专用设备上进行刃磨，一般不做手工刃磨。

普通麻花钻改制的扩孔钻，刃磨前必须根据扩孔尺寸修磨钻头前刀面、主切削刃、副刀面和棱边，注意角度不宜过大，各修磨边必须锋利、光滑。

磨制好的扩孔钻需经扩孔试钻后选择扩孔余量和切削用量，以及合适的转速。

扩孔加工的特点如下。

1) 因在原孔的基础上扩孔，所以切削量较小且导向性好。
2) 切削速度较钻孔时小，但可以增大进给量和改善加工质量。
3) 排屑容易，加工表面质量好。
4) 扩孔加工一般可作为铰孔的前道工序。

三、锪孔

用锪孔钻在孔口表面加工出一定形状的孔或表面，称为锪孔。

锪孔的类型主要有锪圆柱形沉孔、锪圆锥形沉孔以及锪孔口的凸台面等，如图3-24所示。

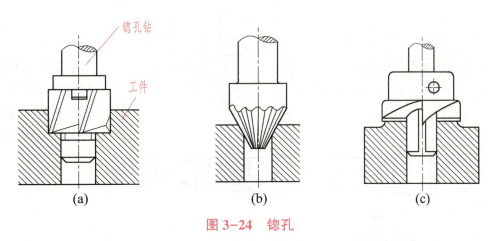

图 3-24　锪孔

(a) 锪圆柱形沉孔；(b) 锪圆锥形沉孔；(c) 锪孔口凸台面

1. 锪孔钻

锪孔钻是对孔的端面进行平面、柱面、锥面及其他型面加工。在已加工出的孔上加工圆柱形沉头孔、锥形沉头孔和端面凸台时，都使用锪孔钻。

(1) 锪孔钻的结构和特点

锪孔钻的结构和特点如表3-9所示。

(2) 锪孔钻的刃磨方法

用麻花钻改制的锥形锪孔钻，顶角按所需工件实际加工角度确定，后角与边缘处的前角要磨小些，切削刃要对称。改制柱形锪孔钻，导柱部分需在磨床上磨成所需直径，端面后角靠手工在砂轮上磨出。导柱部分的螺旋槽刃口要用油石倒钝。装配的端面锪孔钻，刃磨时可卸下内装的高速钢片刀进行刃磨。

表 3-9 锪孔钻的结构和特点

名称	图例	特点
锥形锪孔钻		有 60°、75°、90° 和 120° 四种，齿数为 4~12 个。前角 $\gamma_0 = 0$，后角 $\alpha_0 = 6° \sim 8°$
柱形锪孔钻		有整体式和套装式两种。导柱与工件与加工孔为精密的间隙配合，以保证良好的定心和导向作用
端面锪孔钻		有整体式和可拆式两种结构。整体式结构便于保证孔端面与孔轴线的垂直度；可拆式结构能对工件内部孔的端面进行加工

锪孔操作中的注意事项如下。

1) 避免刀具振动，保证锪孔钻具有一定的刚度，即当用麻花钻改制成锪孔钻时，要使刀杆尽量短。

2) 防止产生扎刀现象，适当减小锪孔钻的后角和外缘处的前角。

3) 切削速度要低于钻孔时的速度。

4) 锪钻钢件时，要对导柱和切削表面进行润滑。

5) 注意安全生产，确保刀杆和工件装夹可靠。

四、铰孔

用铰刀从工件的孔壁上切除微量金属层，以得到精度较高的孔的加工方法称为铰孔，如图 3-25 所示。

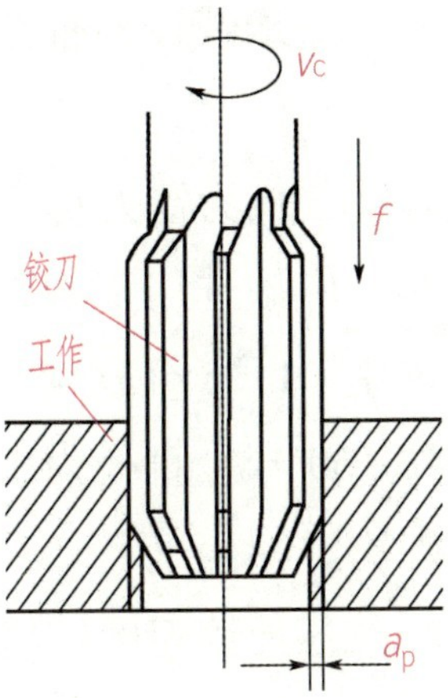

1. 铰刀

（1）铰刀的构造及参数

铰刀由工作部分、颈部和柄部组成。工作部分由切削部分、校准部分和倒锥部分组成。铰刀的构造如图 3-26 所示，一般分为手用和机用两种。

（2）铰刀的种类

按使用方式不同，铰刀可分为机铰刀和手铰刀；按所铰孔的形状不同，可分为圆柱形铰刀和圆锥形铰刀；按容屑槽的形状不同，可分为直槽铰刀和螺旋槽铰刀；按结构组成不同，可分为整体式铰刀和可调式铰刀；按材料不同，可分为高速钢（手铰刀及机铰刀）铰刀或高碳钢（手铰刀）铰刀。

图 3-25 铰孔

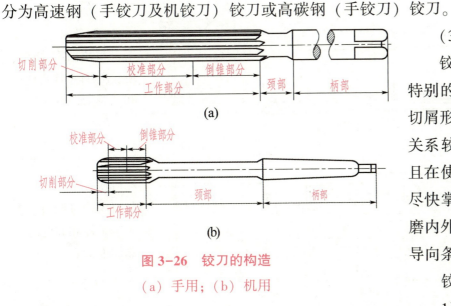

图 3-26 铰刀的构造
(a) 手用；(b) 机用

（3）铰刀的刃磨

铰刀为精密刀具，故对刃部有特别的要求。由于铰刀的前后角与切屑形成、孔的精度、表面粗糙度关系较大，故在修磨时必须保证，且在使用过程中要不断摸索，以便尽快掌握最佳角度。重磨时仅需修磨内外后角倒棱，而前刀面、外径、导向条等处不得擅自改动。

铰刀的刃磨步骤如下。

1）一般铰刀钝化后，修磨切削锥部的后刀面。

2）前刀面刃磨后再刃磨后面（齿背）。

3）校准部分用钝后，需要刃磨前刀面。

4）带刃倾角的铰刀，其切削部分的主偏角是由切削部分的前刀面和后刀面相交而自然形成的，钝化后只需要刃磨切削部分的前刀面。

5）需要改变铰刀直径时，应该将外圆重新精磨或研磨到所需尺寸，再刃磨校准部分的后刀面，并沿刃口留出一定宽度的圆柱形刃带。刃带一般为 0.1~0.5 mm。

6）铰刀切削刃面的表面粗糙度要求很细，Ra 不能大于 0.4~0.2 μm。

一般情况下，有柄铰刀直接装夹在机床的顶尖上，铰刀刀齿的前刀面依靠于支撑上。支撑的高度必须以铰刀能得出所需要的后角α为准。刃磨铰刀后刀面如图 3-27 所示。

支承距铰刀轴线的距离：

$$h = D/2\sin\alpha$$

式中，D 为铰刀直径；α 为铰刀后角。

应该选用正确刃磨后刀面的砂轮，刃磨高速度钢铰刀选用 D1125×13×32 A60LV 砂轮；刃磨硬质合金铰刀选用 46~60 号、直径为 125 mm、硬度为 H-K 的铝碳化硅碟型砂轮。

各种铰刀的结构和特点如表 3-10 所示。

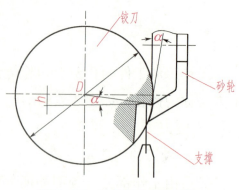

图 3-27　铰刀后刀面刃磨

表 3-10　各种铰刀的结构和特点

名称	图例	说明
整体式圆柱铰刀	（见图）	手铰刀末端为方头，可夹在铰杆内；机铰刀柄部有圆柱形和圆锥形两种
可调式手铰刀	（见图）	可调式手铰刀的直径可用螺母调节，多用于单件和修配时的非标准通孔
推铰刀	（见图）	推铰刀用来铰削圆锥孔

续表

名称	图例	说明
螺旋槽手铰刀		螺旋槽手铰刀常用于铰削有键槽的孔，螺旋槽的方向一般为左旋
硬质合金机铰刀	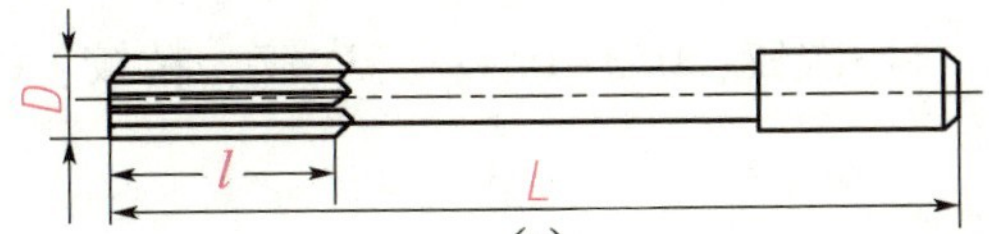 (a) 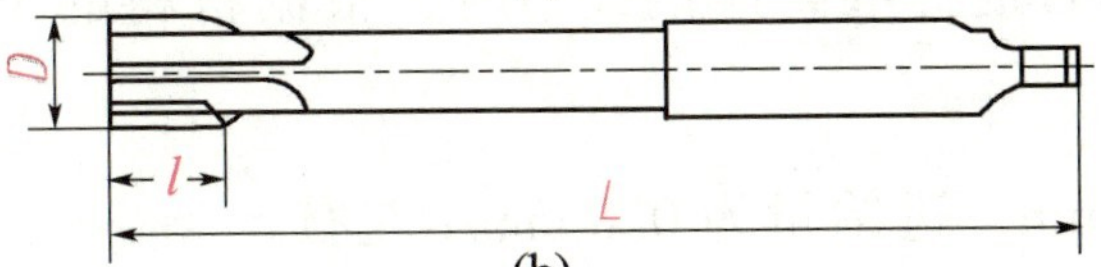 (b)	采用镶片式结构，适用于高速铰削和硬材料铰削

2. 铰孔

（1）铰孔的技巧

1）手铰过程中，两手用力要平衡，旋转铰刀的速度要均匀，铰刀不得偏摆。

2）工件要夹正，对薄壁零件的夹紧力不要过大。

3）铰刀不能反转，退出时也要顺转。

4）若铰刀被卡住，不能猛力扳转，以防损坏铰刀。

5）机铰时，要注意机床主轴、铰刀和工件上所要铰的孔三者间的同轴度误差是否符合要求。

铰孔时铰刀为什么不能反转？

（2）铰削的技术关键点

1）铰削余量的选择。铰削余量应根据铰孔精度、表面粗糙度、孔径大小、材料硬度和铰刀类型来决定，可参考表 3-11 选择铰削余量。

表 3-11　铰削余量选择参考　　　　　　　　　　　　　　　　　　　　　　　　mm

铰刀直径 D	铰削余量
<6	0.05~0.1
>6~18	一次铰：0.1~0.2；二次铰、精铰：0.1~0.15
>18~30	一次铰：0.2~0.3；二次铰、精铰：0.1~0.15
>30~50	一次铰：0.3~0.4；二次铰、精铰：0.15~0.25

2）切削速度和进给量。选用普通标准高速钢铰刀时，根据材料的不同，切削速度和进给量也不同。

铰铸铁孔：切削速度≤10 m/min，进给量为 0.8 mm/r 左右。

铰钢料孔：切削速度≤8 m/min，进给量为 0.4 mm/r 左右。

3）切削液的选择。在铰孔时加入适当的切削液，可消散切削热量，减小变形，延长刀具使用寿命，提高铰孔质量。切削液的选择可参考表 3-12。

表 3-12　切削液选择参考

加工材料	切削液
钢	1）10%~20%乳化液； 2）铰孔要求高时，采用30%菜油加70%肥皂水； 3）铰孔要求更高时，可采用茶油、柴油、猪油等
铸铁	1）煤油（但会引起孔径缩小，最大收缩量为0.02~0.04 mm）； 2）低浓度乳化液（也可不用）
铝	煤油
铜	乳化液

（3）铰削产生废品的原因和控制措施

1）铰孔加工时废品产生的原因和控制措施如表 3-13 所示。

表 3-13　铰孔加工时废品产生的原因和控制措施

废品形式	废品产生原因	控制措施
表面粗糙度达不到要求	1）铰刀不锋利或有缺口 2）铰孔余量太大或太小 3）切削速度太高 4）切削刃上粘有切屑 5）铰刀退出时反转，手铰时刀旋转不稳 6）切削液不充分或选择不当	1）刃磨或更换铰刀 2）选用合理的铰孔余量 3）选用合适的切削速度 4）用油石将切屑磨去 5）退出时应顺转，手铰时铰刀应旋转平稳 6）正确选择切削液，并供应充足

续表

废品形式	废品产生原因	控制措施
孔成多边形	1）铰削余量太大，铰刀不锋利 2）铰削前钻孔不圆 3）钻床主轴振摆太大，铰刀偏摆太大	1）减少铰削余量，刃磨或更换铰刀 2）保证钻孔质量 3）修理调整钻床主轴旋转精度，正确装夹铰刀
孔径扩大	1）铰刀与孔轴心线不重合 2）进给量和铰削余量太大 3）切削速度太高，使铰刀温度上升、直径增大	1）钻孔后立即铰孔 2）减少进给量和铰削余量 3）降低切削速度，用切削液充分冷却
孔径缩小	1）铰刀磨损后尺寸变小 2）铰刀磨钝 3）铰铸铁时加煤油	1）调节铰刀尺寸或更换新铰刀 2）用油石刃磨铰刀 3）不加煤油

2）铰孔时铰刀损坏的原因和控制措施如表 3-14 所示。

表 3-14 铰刀损坏的原因和控制措施

废品形式	废品产生原因	控制措施
铰刀过早地磨损	1）铰刀在刃磨时灼伤 2）切削液未能顺利地流入切削处 3）铰刀刃磨后光洁度不合要求	1）谨慎地把灼伤处磨去 2）经常清除出屑槽内的切屑，用足够压力的切削液 3）通过精磨或研磨达到要求
铰刀刀齿崩裂	1）切削刃径向跳动过大，切削负荷不均匀 2）切削锥角太小，使切削面太大 3）铰深孔时，切削太多，又未及时清除 4）刃磨时刀齿已磨裂 5）加工余量过大 6）工件材料硬度过高	1）每次刃磨后，检查径向跳动量 2）修磨增大切削锥角 3）注意及时清除切屑，或采用排屑较好的刃倾角铰刀 4）刃磨时应注意，并随时检查质量 5）修改预加工时的孔径尺寸 6）降低材料硬度或改用负前角铰刀与硬质合金铰刀
铰刀刀柄折断	1）铰孔余量过大 2）铰锥孔时应先用粗铰或错齿铰刀 3）铰刀的刀齿过密	1）减少铰孔余量或增粗铰工序 2）先用粗铰后再精铰，严格遵守操作规程 3）可将刀齿间隙磨去一齿

五、攻丝

攻丝是用丝锥在孔中切削出内螺纹的加工方法,如图3-28所示。

1. 丝锥

丝锥是加工内螺纹的工具,一般用合金工具钢或高速钢制成,并经热处理淬硬。

丝锥主要由柄部和工作部分组成,如图3-29所示。柄部的方头插入丝锥铰手中用以传递扭矩,工作部分又包括切削部分与校准部分(导向部分)。

切削部分担任主要的切削任务,其牙形由浅入深,并逐渐完整,以保证丝锥容易攻入孔内,并使各牙切削的金属量大致相同。常用丝锥轴向开有3~4条容屑槽,以形成切削部分锋利的切削刃和前角,同时能容纳切屑。端部磨出切削锥角,使切削负荷分布在几个刀齿上逐渐切到齿深,而使切削省力、刀齿受力均匀,不易崩刃或折断,也便于正确切入。

图3-28 攻丝

校准部分均具有完整的牙形,主要用来校准和修光已切出的螺纹,并引导丝锥沿轴向前进。为了制造和刃磨方便,丝锥上的容屑槽一般做成直槽。有些专用丝锥为了控制排屑方向,常做成螺旋槽。加工不通孔螺纹,为使切屑向上排出,容屑槽做成右旋槽。加工通孔螺纹,为使切屑向下排出,容屑槽做成左旋槽。

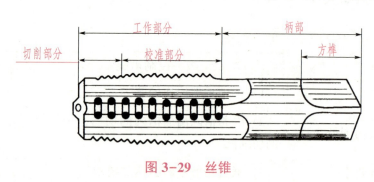

图3-29 丝锥

> 请查阅相关资料了解丝锥制造的材料。

按照不同的分类标准,丝锥有不同的种类。

1)按使用场合通常分为机用丝锥和手用丝锥。在生产实践中,机用丝锥可用于手工攻丝,而手用丝锥也可用于机攻攻丝。

2)按螺纹种类可分为普通三角螺纹丝锥(其中M6~M24的丝锥为二支一套,小于M6和大于 M24 的丝锥为三支一套）；圆柱管螺纹丝锥（二支一套）；圆锥管螺纹丝锥（大小尺寸均为单支）。

3）按加工方法分类，丝锥还有粗牙、细牙之分，有粗柄、细柄之分，有单支、成组之分，有等径与不等径之分，有长柄机用丝锥、短柄螺母丝锥、长柄螺母丝锥、柱管螺纹丝锥与一般手用丝锥等。需要注意的是，圆柱管螺纹丝锥与一般手用丝锥相近，只是其工作部分较短，一般为两支一组。圆锥管螺纹丝锥的直径从头到尾逐渐增大，而牙型与丝锥轴线垂直，以保证内、外螺纹结合时有良好的接触。

4）按切削顺序可分为头攻、二攻和三攻，通常在攻丝时按切削顺序将整个切削工作量分配给几支丝锥来分别担当切除任务，目的是减少切削力和延长丝锥使用寿命，提高耐用度和加工精度。

通常手用丝锥中 M6~M24 的丝锥为两支一套；小于 M6 和大于 M24 的丝锥为三支一套，称为头锥、二锥、三锥。这是因为 M6 以下的丝锥强度低，易折断，分配给三个丝锥切削可使每一个丝锥担负的切削余量小，因而产生的扭矩小，从而保护丝锥不易折断。而 M24 以上的丝锥要切除的余量大，分配给三支丝锥后可有效减小每一支丝锥的切削阻力，以降低攻丝时所受阻力。

在成套丝锥中，对每支丝锥的切削量分配又有两种方式，即锥形分配和柱形分配。

锥形分配：一套锥形分配切削量的丝锥中，所有丝锥的大径、中径、小径都相等，只是切削部分的长度和锥角不相等，也叫等径丝锥。当攻制通孔螺纹时，用头攻（初锥）一次切削即可加工完毕，二攻（也叫中锥）、三攻（底锥）则用得较少。一组丝锥中，每支丝锥磨损很不均匀，因为头攻能一次攻削成形，切削厚度大，切屑变形严重，加工表面粗糙，精度差。

一般小直径丝锥用锥形分配。只有 M12 以下丝锥采用锥形分配，M12 以上丝锥则采用柱形分配。

柱形分配：一套柱形分配的丝锥，所有丝锥的大径、中径、小径都不相等，叫不等径丝锥，即头攻（也叫第一粗锥）、二攻（第二粗锥）的大径、中径、小径都比三攻（精锥）小。头攻、二攻的中径一样，大径不一样。头攻大径小，二攻大径大。这种丝锥的切削量分配比较合理，三支一套的丝锥按顺序为 6：3：1 分担切削量，两支一套的丝锥按顺序为 3：1 分担切削量，切削省力，各锥磨损量差别小，使用寿命较长。同时末锥（精锥）的两侧也参加少量切削，所以加工表面粗糙度值较小。一般 M12 以上的丝锥多属于这一种。柱形分配丝锥一定要最后一支丝锥攻过后才能得到正确螺纹。

当丝锥的切削部分磨损时，可以修磨其后刀面。修磨时要注意保持各刀瓣的半锥角及切削部分长度的准确性和一致性。转动丝锥时要留心，不要使另一刃瓣的刀齿碰擦而磨坏。当丝锥的校正部分有显著磨损时，可用棱角修圆的片状砂轮修磨其前刀面，并控制好一定的前角。

> 请查阅相关资料填写丝锥制造的工艺过程。

2. 铰杠

铰杠（铰手）攻丝。铰杠是用来夹持丝锥的工具，有普通铰杠和丁字铰杠两类，如图3-30所示。

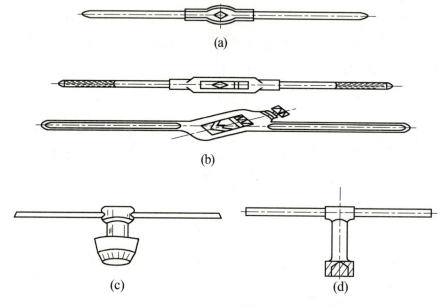

图3-30 铰杠

(a) 固定式普通铰杠；(b) 活络式普通铰杠；(c) 活络式丁字铰杠；(d) 固定式丁字铰杠

丁字铰杠主要用在攻工件凸台旁的螺孔或机体内部的螺孔（丁字铰杠适用于在高凸台旁边或箱体内部攻丝）。各类铰杠又有固定式和活络式两种。固定式铰杠常用在攻M5以下螺孔，活络式铰杠可以调节方孔尺寸。活络式丁字铰杠用于M6以下丝锥。

3. 攻丝

(1) 攻丝操作步骤

1) 将工件装夹好在虎钳上（一般情况下，均应使底孔处于铅垂位置）；把装入铰杠上的头攻（头锥）插入孔内，使丝锥与工件表面垂直，并尽量保持丝锥与底孔方向一致。

2) 用头锥起攻时，右手握住铰杠中间，沿丝锥中心线加适当压力，左手配合将铰杠顺时针转动（左旋丝锥则逆时针转动铰手），或两手握住铰杠两端均匀施加适当压力，并将铰杠顺向旋进，将丝锥旋入，保证丝锥中心线与孔中心线重合，使之不歪斜。

3) 当丝锥切削部分切入1~2圈后，应及时通过目测或用直角尺在前后、左右两个方向检查丝锥是否垂直,并不断校正至丝锥轴线与底孔轴线一致;在切入3~4圈时握住铰杠手柄继续平稳地转动丝锥。

4)当丝锥的切削部分全部进入工件时,只需要两手用力均匀地转动铰杠,就不再对丝锥施加压力,而靠丝锥做自然旋进切削,丝锥会自行向下攻削。

为防止切屑过长损坏丝锥,每扳转铰杠1/2~2圈,应反转1/4~1/2圈左右,以使切屑折断排出孔外,避免因切屑堵塞而损坏丝锥。头攻攻完后,再用二攻、三攻攻削。

(2)攻丝的技术关键点

1)底孔直径的确定。底孔是指攻螺纹前在工件上预钻的孔,底孔直径要稍大于螺纹小径。

原理分析:用丝锥攻螺纹时,丝锥主要用来切削金属,但也伴随有严重的挤压作用。攻丝时,每个切削刃一方面在切削金属,一方面也在挤压金属,因而会产生金属凸起并向牙尖流动的现象,这一现象对于韧性材料尤为显著,工件材料塑性越好,挤压变形越显著,从而使攻丝后螺纹孔小径小于原底孔直径。若攻丝前钻孔直径与螺孔小径相同,则攻丝时因挤压变形作用,将导致螺纹牙顶与丝锥牙底之间没有足够的容屑空间,被丝锥挤出的金属会卡住丝锥甚至将其折断,此现象在攻塑性较好的材料时更为严重。因此攻丝底孔直径应比螺纹小径略大,这样挤出的金属流向牙尖正好形成完整螺纹,又不易卡住丝锥。但是,若底孔钻得太大,又会使螺纹的牙形高度不够,降低强度。所以确定底孔直径的大小要根据工件的材料性质、塑性的好坏及钻孔扩胀量、螺纹直径的大小来考虑。

实施措施:底孔直径(即钻头直径)可查表或用经验公式得出。

普通公制螺纹底孔直径的经验计算公式。

韧性材料:

$$D_{底孔}=D-P$$

脆性材料:

$$D_{底孔}=D-(1.05\sim1.1)P$$

式中,D——螺纹公称直径(螺纹大径);

P——螺距;

$D_{底孔}$——螺纹底孔直径。

2)英制螺纹底孔直径的经验计算公式。

韧性材料:

$$D_{底孔}=25(D-n)+(0.2\sim0.3)$$

脆性材料:

$$D_{底孔}=25(D-n)$$

式中,D——螺纹公称直径(螺纹大径);

n——每英寸牙数;

$D_{底孔}$——螺纹底孔直径。

3）攻丝底孔深度的确定。攻丝底孔深度是指在攻丝中切出螺纹的有效深度。

原理分析：攻不通孔螺纹（攻盲孔螺纹）时，由于丝锥切削部分不能切出完整的螺纹牙型，所以钻孔深度要大于所需的螺孔深度，以防止丝锥到底了还继续往下攻，造成丝锥折断。

实施措施：钻孔深度至少要等于需要的螺纹深度加上丝锥切削部分的长度，这段长度大约等于螺纹大径的 0.7 倍，即

$$L_{钻孔} = L_{螺孔} + 0.7D$$

式中，$L_{钻孔}$——钻孔深度；

$L_{螺孔}$——所需螺孔深度；

D——螺纹大径。

（3）攻丝技术要求

1）底孔的孔口必须倒角。钻孔后，在螺纹底孔的孔口必须倒角，通孔螺纹两端都倒角，倒角处最大直径应和螺纹大径相等或略大于螺孔大径，这样可使丝锥开始切削时容易切入，并可防止孔口出现挤压出的凸边。

2）对于成组丝锥要按头锥、二锥、三锥的顺序攻削。攻丝时，必须以头锥、二锥、三锥顺序攻削至标准尺寸。用头锥攻螺纹时，应保持丝锥中心与螺孔端面在两个相互垂直方向上的垂直度。头锥攻过后，先用手将二锥旋入，再装上铰杠攻丝。以同样办法攻三锥。对于在较硬的材料上攻丝时，可轮换各丝锥交替攻下，以减小切削部分负荷，防止丝锥折断。

3）攻不通孔时，可在丝锥上作深度标记。攻不通孔时，可在丝锥上作好深度标记，并要经常退出丝锥，清除留在孔内的切屑。否则会因切屑堵塞，易使丝锥折断或攻丝达不到深度要求。当工件不便倒向进行清屑时，可用弯曲的小管子吹出切屑或用磁性针棒吸出。

4）攻丝时要加切削液。为了减少摩擦、降低切削阻力、减小加工螺孔的表面粗糙度，保持丝锥的良好切削性能，延长丝锥寿命，得到光洁的螺纹表面，攻丝时应根据工件材料，选用适当的冷却润滑液。攻钢件时用机油，螺纹质量要求高时可用工业植物油，攻铸铁件可加煤油。

为什么攻制不同材料的螺纹需要加入不同的冷却润滑液？

(4) 攻丝时的质量缺陷及控制

加工螺纹时，经常发生丝锥折断的情况。丝锥折断，除了与操作者经验不足、技能欠佳、方法不当及丝锥质量有关外，还与丝锥结构上存在的缺陷密切相关。

1) 原因分析。

①在直径较小的螺纹加工过程中，由于操作者双手用力不均衡，致使力的方向改变而折断丝锥。

②底孔孔径过小，与丝锥不匹配，造成扭矩增大，出现丝锥折断现象。

③加工盲孔螺纹时，丝锥即将接触孔底的瞬间，操作者并未意识到，仍按未到孔底的攻丝速度送进，造成丝锥折断。

④加工盲孔螺纹时，切屑未能及时排出而填堵在孔的底部，强行继续攻丝，造成丝锥折断。

⑤丝锥自身的质量有问题，也是导致攻丝过程中丝锥折断的主要原因。

⑥丝锥起步定位不正确，即丝锥的轴线与底孔的中心线不同心，在攻丝过程中扭矩过大，这是丝锥折断的主要原因，由此而造成的丝锥折断比前述诸因素造成的丝锥折断总和还要多。

出现这种丝锥与底孔不同心的现象，看起来是操作者的技能问题，但实际上是由于丝锥结构上存在不足所致。目前所用的手动丝锥前端均为锥形（如图3-31所示），其初始工作面与底孔呈点状接触（如图3-32所示），丝锥与底孔的同心度全凭操作者的技能和经验来保持，既要使丝锥保持左右垂直于底孔端面，又要保持前后垂直于底孔端面，还要在用力下压丝锥的同时双手均衡用力扭动丝锥。如此多项内容必须相互兼顾同时进行，技术水平欠佳的操作者是很难完成此项工作的，即使是技术水平较好的高级技工，在手动攻丝作业时也不是每次都能掌握得很准确。

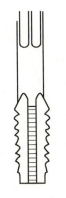

图3-31 手动丝锥前端为锥形

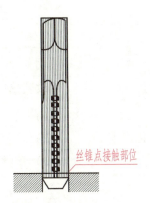

图3-32 丝锥初始工作面与底孔呈点状接触

2) 控制措施。

①加强技能训练和技术培训，提高手动攻丝作业的理论水平，熟练掌握攻丝作业中的实际操作技能。

②改进丝锥的结构。在头锥的前端增设长度为5~10 mm、直径与底孔钻头直径相同的圆柱体（如图3-33所示），将其作为丝锥与底孔能自动保持同心的引导部位，使丝锥本身

具备在攻丝开始时自动与底孔保持同心的功能。用这种丝锥攻丝时，可避免因丝锥与底孔不同心而发生的丝锥折断现象，也可杜绝因底孔与丝锥不匹配而发生的丝锥折断现象。同时，由于丝锥不可能进入与丝锥不匹配的底孔，因而也就能有效防止折断现象的发生。

3）断丝锥的取出方法。

在攻制较小螺孔时，常因操作不当造成丝锥折断在孔内。如果不能取出，或取出后导致螺孔损坏，都将使工件报废。在取出断丝锥前，应先将螺孔内的切屑及丝锥碎屑清除干净，以防止回旋时再将断丝锥卡住，并加入适当的润滑液，如煤油、机油等，来减小摩擦阻力。然后，用工具按螺纹的正、反方向反复轻轻敲击，先使断丝锥产生一定的松动后再着手旋取。

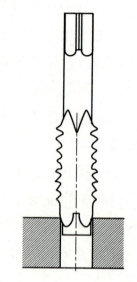

图 3-33　在头锥的前端增设圆柱体

在一般情况下，可用狭錾或中心冲抵在断丝锥的容屑槽中，顺着退转的切线方向轻轻剔出；也可在带方榫的断丝锥上拧两个螺母，用钢丝插入断丝锥和螺母间的容屑槽中，然后用铰杠顺着退转方向扳动方榫，把断在螺孔中的丝锥带出来。当断丝锥与螺孔楔合牢固而不能被取出时，可在断丝锥上焊上便于施力的弯杆，或用电焊小心地在断丝锥上堆焊出一定厚度的、便于施力的金属层，然后用工具旋出；也可用电火花加工，慢慢地将丝锥熔蚀掉；或用乙炔火焰或喷灯使断丝锥加热退火，然后用钻头钻掉。

4）攻丝、攻牙过程中常见问题及解决方法

在攻丝、攻牙过程中，由于丝锥的选用不当、操作失误以及加工工艺的不正确安排，会造成不同类型、不同原因的废品，其产生原因和解决方法如表 3-15~表 3-19 所示。

表 3-15　丝锥寿命短的原因及解决方法

原因	解决方法
丝锥重磨时退火	改变修磨参数（砂轮型号、转速、冷却液等）
钻孔时材料硬化严重	1）及时更换钻头； 2）调整钻孔参数（转速、进给等）； 3）攻丝前材料退火

表 3-16　止规不止的原因及解决方法

原因	解决方法
丝锥选用不当	选用适当的丝锥（根据材料、孔型、螺纹公差等）
转速过高	1）降低转速； 2）改善冷却液质量，提高冷却、润滑效果

续表

原因	解决方法
生成切削瘤	1）换用新丝锥； 2）使用涂层丝锥； 3）改善冷却液质量，提高冷却、润滑效果； 4）去除切削瘤及损伤的切削齿
切屑阻塞	1）选用切削参数更合适的丝锥（包括螺旋槽、切削角等）； 2）必要时选用成组丝锥
丝锥有毛刺	小心地去除毛刺
定位及装夹不精确	1）使用轴向及径向自动调节的攻丝夹具； 2）检查底孔、丝锥与主轴的同轴度
攻丝进给不稳定	1）改善攻丝程序； 2）检查机床传动螺杆； 3）使用带有长度补偿功能的攻丝夹具
丝锥修磨不合理	尽量保证重磨丝锥切削参数与新丝锥一致
轴向压力过大	1）调整攻丝轴向压力； 2）使用带有长度补偿功能的攻丝夹具

表 3-17　丝锥过早磨损的原因及解决方法

原因	解决方法
切削刃碰撞孔底	1）控制底孔及有效螺纹深度； 2）必要时使用 E 型甚至 F 型切削刃
无涂层或涂层质量差	根据攻丝材料性能，使用合适的涂层丝锥

表 3-18　烂牙及粗糙的原因及解决方法

原因	解决方法
丝锥选用不当	选用适当的丝锥（根据材料、孔型、螺纹公差等）
转速太高或太低	选择推荐的攻丝速度
切屑瘤严重	1）换用新丝锥； 2）使用涂层丝锥； 3）改善冷却液质量，提高冷却、润滑效果； 4）去除切削瘤及损伤的切削齿
切屑阻塞	1）选用切削参数更合适的丝锥（包括螺旋槽、切削角等）； 2）必要时选用成组丝锥
丝锥有毛刺	去除毛刺
底孔太小	使用合理的底孔尺寸

续表

原因	解决方法
冷却、润滑不足	1) 使用合理的切削液； 2) 适当增加切削液的供给
丝锥单齿切削量太大	1) 适当增加切削锥长度； 2) 换用成组丝锥

表 3-19 通规不通的原因及解决方法

原因	解决方法
丝锥磨损严重	换用新丝锥
丝锥选用不当	选用适当的丝锥（根据材料、孔型、螺纹公差等）
螺纹牙型参数错误	1) 换用性能更好的丝锥； 2) 使用带长度补偿功能的攻丝夹具

六、套丝

套丝就是用板牙在圆杆上切削出外螺纹的操作，原理和攻螺纹一样，都属于螺纹加工，如图 3-34 所示。

1. 套丝工具

（1）板牙

板牙是加工外螺纹的工具，常用合金工具钢或高速钢制造，并经淬火硬化。

图 3-34 套丝

板牙由切削部分、校准部分和排屑孔组成。其本身就像一个圆螺母，在其上面钻有几个排屑孔而形成刀刃。

切削部分是板牙两端有切削锥角的部分。板牙的中间一段是校准部分，也是套丝时的导向部分。板牙的校准部分因磨损会使螺纹尺寸变大而超出公差范围。因此，为延长板牙的使用寿命，常用的圆板牙在外圆上有四个锥坑和一条V形槽，起调节板牙尺寸的作用，如图 3-35 所示。其中的两个锥坑，其轴线与板牙直径方向一致，借助铰杠上两个相应位置的紧固螺钉顶紧后，用以套丝时传递扭矩；另外两个与板牙中心偏心的锥坑起调节作用。当板牙磨损，套出的螺纹尺寸变大，以致超出公差范围时，可用锯片砂轮沿板牙V形槽将板牙磨割出一条通槽，用铰杠上的另两个紧固螺钉拧紧顶入板牙上面两个偏心的锥坑内，让板牙产生弹性变形，使板牙的螺纹中径变小，以补偿尺寸的磨损。调整时，应使用标准样件进行尺寸校对。板牙两端面都有切削部分，待一端磨损后，可换用另一端。

常用的板牙有圆板牙和活络管子板牙，如图 3-36 所示。圆板牙分固定式和可调式两种。活络管子板牙是四块为一组，镶嵌在可调的管子板牙架内，用于套管子外螺纹的板牙。

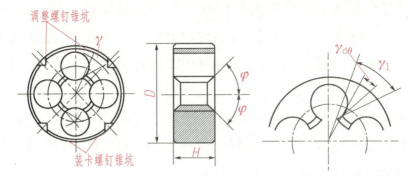

图 3-35 圆板牙结构

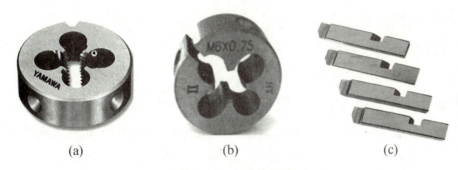

图 3-36 板牙的种类

(a) 固定式圆板牙；(b) 可调式圆板牙；(c) 活络管子板牙

（2）板牙架

板牙架是装夹板牙的工具，分为圆板牙架（见图 3-37）和管子板牙架等。

圆板牙架和管子板牙架在外螺纹的攻丝中，根据不同的使用场合来选择使用。圆板牙架主要用于攻制长杆或不受板牙架周围限制的螺纹攻制。管子板牙架

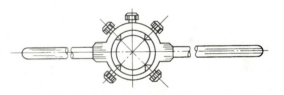

图 3-37 圆板牙架

的优点在于螺纹攻制时能克服板牙架周围限制，缺点是不能攻制较长螺纹。

2. 套丝

（1）套丝的操作步骤

1）起套时，用右手掌按住铰手中部，沿圆杆的轴向施加压力，左手配合使板牙架顺向旋进，转动要慢，压力要大，并保证板牙端面与圆杆垂直不歪斜。

2）在板牙旋转切入圆杆 2~3 圈时，要及时检查板牙与圆杆的垂直情况并及时借正（做准确校正）。

3）进入正常套丝后要减小压力，让板牙自然引进，以免损坏螺纹和板牙，并经常倒转以断屑。

4）要勤加冷却润滑液，以减小加工螺纹的表面粗糙度及延长板牙的使用寿命。一般可用机油或较浓的乳化液，要求高时可用工业植物油。

（2）套丝的技术关键点

起套时，要从两个方向进行垂直度的及时校正，这是保证套丝质量的重要一环。套丝时，

由于板牙切削部分的锥角较大，起套时的导向性较差，容易导致板牙端面与圆杆轴心线不垂直，造成切出的螺纹牙形深浅不一，甚至不能继续切削，故套丝时要经常倒转板牙以断屑。

起套的正确性以及套丝时能使两手用力均匀和掌握好最大用力限度，是套丝的基本功之一，必须掌握。

套丝的关键点是套丝前圆杆直径的确定：圆杆直径应稍小于螺纹大径。用板牙在工件上套丝时，材料因受到撞压而变形，牙顶将被挤高一些，所以圆杆直径应稍小于螺纹大径。

一般圆杆直径可用下列经验公式计算：

$$d_{圆杆} = D - 0.13P$$

式中，$d_{圆杆}$——套丝前圆杆直径；

D——螺纹公称直径（螺纹大径）；

P——螺距。

为了使板牙起套时容易切入工件并做正确的引导，圆杆端部要倒成锥半角为 15°～20° 的锥体倒角，其倒角的最小直径可略小于螺纹小径，以避免切出的螺纹端部出现锋口和圈边。

套丝除手动套丝外还有什么方法？

七、精密测量及量具使用

本节主要讲解钳工竞赛中常用的测量器具，学生应掌握不同量具的工作原理和读数方法，并会使用和保养这些常用的量具。

1. 螺旋测微量具

螺旋测微量具是采用螺旋测微原理制成的量具。其测量精度比游标卡尺高，并且测量比较灵活，因此，多被应用于加工精度要求较高时。常用的螺旋测微量具有百分尺和千分尺。百分尺的读数精度值为 0.01 mm，千分尺的读数精度值为 0.001 mm。工厂习惯上把百分尺和千分尺统称为百分尺或分厘卡。目前车间里大量用的是读数值为 0.01 mm 的百分尺，本部分主要以外径百分尺应用举例，来进行螺旋测微量具的学习。

（1）外径百分尺的结构

百分尺主要由尺架、测微头、测力装置和制动器等组成，各种百分尺的结构大同小异。图 3-38 所示为测量范围为 0～25 mm 的外径百分尺。尺架的一端装着固定测砧，另一端装着测微头。固定测砧和测微螺杆的测量面上都镶有硬质合金，以提高测量面的使用寿命。尺架的两侧面覆盖着绝热板，使用百分尺时，手拿在绝热板上，以防止人体的热量影响百分尺的测量精度。

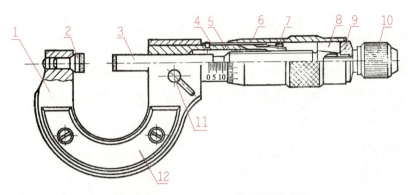

图 3-38　0~25 mm 外径百分尺

1—尺架；2—固定测砧；3—测微螺杆；4—螺纹轴套；5—固定刻度套筒；6—微分筒；
7—调节螺母；8—接头；9—垫片；10—测力装置；11—锁紧螺钉；12—绝热板

> 为什么要在固定测砧和测微螺杆的测量面上镶嵌硬质合金？
>
>
>
>
>
>

(2) 百分尺的工作原理和读数方法

外径百分尺的工作原理就是应用螺旋读数机构，它包括一对精密的螺纹（测微螺杆与螺纹轴套）和一对读数套筒（固定套筒与微分筒）。

把被测零件置于百分尺两个测量面之间即可测量零件的尺寸，两测砧面之间的距离就是零件的测量尺寸。当测微螺杆在螺纹轴套中旋转时，由于螺旋线的作用，测量螺杆有轴向移动，使两测砧面之间的距离发生变化。如测微螺杆按顺时针的方向旋转一周，两测砧面之间的距离就缩小一个螺距。同理，若按逆时针方向旋转一周，则两砧面的距离就增大一个螺距。常用百分尺测微螺杆的螺距为 0.5 mm。因此，当测微螺杆顺时针旋转一周时，两测砧面之间的距离就缩小 0.5 mm；当测微螺杆顺时针旋转不到一周时，缩小的距离就小于一个螺距。它的具体数值可从与测微螺杆结成一体的微分筒的圆周刻度上读出。微分筒的圆周上刻有 50 个等分线，当微分筒转一周时，测微螺杆就推进或后退 0.5 mm，微分筒转过它本身圆周刻度的一小格时，两测砧面之间转动的距离为

$$0.5 \div 50 = 0.01 \text{ (mm)}$$

由此可知，百分尺上的螺旋读数机构可以正确地读出 0.01 mm，也就是百分尺的读数精度

值为 0.01 mm。

百分尺的固定套筒上刻有轴向中线，作为微分筒读数的基准线。另外，为了计算测微螺杆旋转的整数转，在固定套筒中线的两侧刻有两排刻线，刻线间距均为 1 mm，上、下两排相互错开 0.5 mm。

百分尺的具体读数方法可分为三步：

1）读出固定套筒上露出的刻线尺寸，一定要注意不能遗漏应读出的 0.5 mm 的刻线值。

2）读出微分筒上的尺寸，要看清微分筒圆周上哪一格与固定套筒的中线基准对齐，将格数乘 0.01 mm 即得微分筒上的尺寸。

3）将上面两个数相加，即为百分尺上测得的尺寸。

如图 3-39（a）所示，在固定套筒上读出的尺寸为 8 mm，微分筒上读出的尺寸为 27（格）× 0.01 mm = 0.27 mm，两数相加即得被测零件的尺寸为 8.27 mm；如图 3-39（b）所示，在固定套筒上读出的尺寸为 8.5 mm，

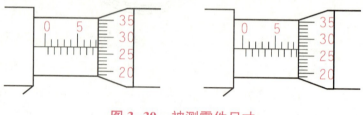

图 3-39 被测零件尺寸

（a）被测零件尺寸 1；（b）被测零件尺寸 2

在微分筒上读出的尺寸为 27（格）× 0.01 mm = 0.27 mm，两数相加即得被测零件的尺寸，为 8.77 mm。

(3) 百分尺的使用方法

百分尺使用得是否正确，对保持精密量具的精度和保证产品质量的影响很大，指导老师和实习的学生必须重视量具的正确使用，使测量技术精益求精，务必获得正确的测量结果，确保产品质量。

使用百分尺测量零件尺寸时，必须注意下列几点。

1）使用前，应把百分尺的两个测砧面擦干净，转动测力装置，使两测砧面接触（若测量上限大于 25 mm，在两测砧面之间放入校对量杆或相应尺寸的量块），接触面上应没有间隙及漏光现象，同时微分筒和固定套筒要对准零位。

2）转动测力装置时，微分筒应能自由、灵活地沿着固定套筒活动，没有任何轧卡和不灵活的现象。如有活动不灵活的现象，应送计量站及时检修。

3）测量前，应把零件的被测量表面擦干净，以免有脏物存在时影响测量精度。绝对不允许用百分尺测量带有研磨剂的表面，以免损伤测量面的精度。用百分尺测量表面粗糙的零件亦是错误的，这样易使测砧面过早磨损。

4）用百分尺测量零件时，应当手握测力装置的转帽来转动测微螺杆，使测砧表面保持标准的测量压力，听到"嘎嘎"的声音，表示压力合适，即可开始读数。要避免因测量压力不等而产生测量误差。绝对不允许用力旋转微分筒来增加测量压力，使测微螺杆过分压紧零件表面，致使精密螺纹因受力过大而发生变形，损坏百分尺的精度。有时用力旋转微分筒后，

虽因微分筒与测微螺杆间的连接不牢固，对精密螺纹的损坏不严重，但是微分筒打滑后，百分尺的零位走动了，就会造成质量事故。

5) 使用百分尺测量零件时，如图3-40所示，要使测微螺杆与零件被测量的尺寸方向一致。如测量外径时，测微螺杆要与零件的轴线垂直，不要歪斜。测量时，可在旋转测力装置的同时轻轻地晃动尺架，使测砧面与零件表面接触良好。

图 3-40　在车床上使用外径百分尺的方法

6) 用百分尺测量零件时，最好在零件上进行读数，放松后取出百分尺，这样可减少测砧面的磨损。如果必须取下读数，应用制动器锁紧测微螺杆后，再轻轻滑出零件。把百分尺当卡规使用是错误的，因这样做不但易使测量面过早磨损，甚至会使测微螺杆或尺架发生变形而失去精度。

(4) 百分尺使用注意事项

1) 为了获得正确的测量结果，可在同一位置上再测量一次。尤其是测量圆柱形零件时，应在同一圆周的不同方向测量几次，检查零件外圆有没有圆度误差，再在全长的各个部位测量几次，检查零件外圆有没有圆柱度误差等。

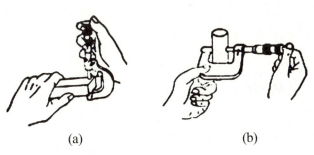

图 3-41　百分尺使用

(a) 单手使用；(b) 双手使用

2) 对于超常温的工件，不要进行测量，以免产生读数误差。

3) 单手使用外径百分尺时，如图3-41 (a) 所示，可用大拇指和食指或中指捏住活动套筒，小指勾住尺架并压向手掌，大拇指和食指转动测力装置即可测量。

4) 用双手测量时，可按图3-41 (b) 所示的方法进行。

5) 值得指出的是几种使用外径百分尺的错误方法，比如用百分尺测量旋转运动中的工件，很容易使百分尺磨损，而且测量也不准确，如图3-42 (a) 所示；又如贪图快一点得出读数，握着微分筒来回转等，这同碰撞一样，也会破坏百分尺的内部结构，如图3-42 (b) 所示。

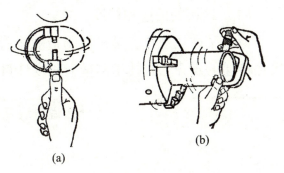

图 3-42　错误使用

(a) 测旋转工件；(b) 旋转微分筒

(5) 百分尺的应用举例

如要检验图3-43所示夹具的三个孔（φ14、φ15、φ16）在φ150圆周上的等分精度，则在检验前，须在孔φ14、φ15、φ16和φ20内配入圆柱销（圆柱销应与孔定心间隙配合）。

等分精度的测量可分三步进行：

1) 用 0~25 mm 的外径百分尺，分别量出四个圆柱销的外径 D、D_1、D_2 和 D_3。

2) 用 75~100 mm 的外径百分尺，分别量出 D 与 D_1、D 与 D_2、D 与 D_3 两圆柱销外表面的最大距离 A_1、A_2 和 A_3，则三孔与中心孔的中心距 L_1、L_2 和 L_3 分别为

$$L_1 = A_1 - \frac{1}{2}(D+D_1)$$

$$L_2 = A_2 - \frac{1}{2}(D+D_2)$$

$$L_3 = A_3 - \frac{1}{2}(D+D_3)$$

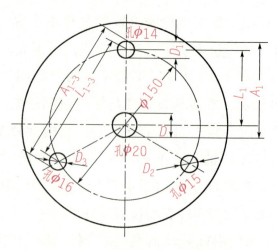

图 3-43 测量三孔的等分精度

而中心距的基本尺寸为 150 mm÷2 = 75 mm。如果 L_1、L_2 和 L_3 都等于 75 mm，就说明三个孔的中心线在 ϕ150 mm 的同一圆周上。

3) 用 125~150 mm 的百分尺分别量出 D_1 与 D_2、D_2 与 D_3、D_1 与 D_3 两圆柱销外表面的最大距离 A_{1-2}、A_{2-3} 和 A_{1-3}，则它们之间的中心距 L_{1-2}、L_{2-3} 和 L_{1-3} 为

$$L_{1-2} = A_{1-2} - \frac{1}{2}(D_1+D_2)$$

$$L_{2-3} = A_{2-3} - \frac{1}{2}(D_2+D_3)$$

$$L_{1-3} = A_{1-3} - \frac{1}{2}(D_1+D_3)$$

比较三个中心距的差值，就得三个孔的等分精度。如果三个中心距是相等的，即 $L_{1-2} = L_{2-3} = L_{1-3}$，就说明三个孔的中心线在圆周上是等分的。

2. 量块

（1）量块的用途和精度

量块又称块规，它是机器制造业中控制尺寸的最基本的量具，是从标准长度到零件之间尺寸传递的媒介，是技术测量上长度计量的基准。

为什么说量块是技术测量上长度计量的基准？

长度量块是用耐磨性好、硬度高而不易变形的轴承钢制成的矩形截面的长方块,如图3-44所示。它有上、下两个测量面和四个非测量面。两个测量面是经过精密研磨和抛光加工的很平、很光的平行平面。量块的矩形截面尺寸是:基本尺寸为0.5~10 mm的量块,其截面尺寸为30 mm×9 mm;基本尺寸为10~1 000 mm的量块,其截面尺寸为35 mm×8 mm。

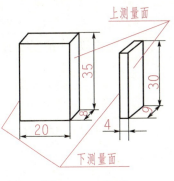

图3-44 量块

量块的工作尺寸不是指两测面之间任何处的距离,因为两测面不是绝对平行的,因此量块的工作尺寸是指中心长度,如图3-45所示,即量块的一个测量面的中心至另一个测量面相黏合面(其表面质量与量块一致)的垂直距离。在每块量块上,都标记着它的工作尺寸:当量块尺寸等于或大于6 mm时,工作尺寸标记在非工作面上;当量块在6 mm以下时,工作尺寸直接标记在测量面上。

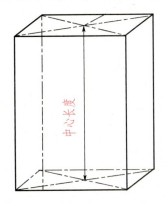

图3-45 量块的中心长度

量块的精度根据它的工作尺寸(即中心长度)的精度和两个测量面平面平行度的准确程度分成五个精度级,即00级、0级、1级2级和3级。0级量块的精度最高,工作尺寸和平面平行度等都做得很准确,只有零点几微米的误差,一般仅用于省市计量单位,作为检定或校准精密仪器使用。1级量块的精度次之;2级更次之;3级量块的精度最低,一般作为工厂或车间计量站使用的量块,用来检定或校准车间常用的精密量具。

量块是精密的尺寸量具,制造较为困难。为了使工作尺寸偏差稍大的量块仍能作为精密的长度标准,可将量块的工作尺寸检定得准确些,并在使用时加上量块检定的修正值。这样做虽在使用时比较麻烦,但可以将偏差稍大的量块作为尺寸的精密标准。

(2)成套量块和量块尺寸的组合

量块是成套供应的,每套装成一盒,每盒中有各种不同尺寸的量块,其尺寸编组有一定的规定。常用成套量块的块数和每块量块的尺寸如表3-20所示。

在总块数为83块和38块的两盒成套量块中,有时带有四块护块,所以每盒为87块和42块。护块就是保护量块,其作用是减少常用量块的磨损,在使用时可放在量块组的两端,以保护其他量块。

每块量块只有一个工作尺寸,但由于量块的两个测量面做得十分准确而光滑,故具有可黏合的特性,即将两块量块的测量面轻轻地推合后,这两块量块就能黏合在一起,不会自己分开,好像一块量块一样。由于量块具有可黏合性,故克服了每块量块只有一个工作尺寸的缺点。利用量块的可黏合性,可组成各种不同尺寸的量块组,大大扩大了量块的应用范围。但为了减少误差,希望组成量块组的块数不超过5块。

表 3-20 成套量块的编组

套别	总块数	精度级别	尺寸系列/mm	间隔/mm	块数
1	91	00、0、1	0.5、1	—	2
			1.001、1.002、…、1.009	0.001	9
			1.01、1.02、…、1.49	0.01	49
			1.5、1.6、…、1.9	0.1	5
			2.0、2.5、…、9.5	0.5	16
			10、20、…、100	10	10
2	83	00、0、1、2、3	0.5、1、1.005	—	3
			1.01、1.02、…、1.49	0.01	49
			1.5、1.6、…、1.9	0.1	5
			2.0、2.5、…、9.5	0.5	16
			10、20、…、100	10	10
3	46	0、1、2	1	—	1
			1.001、1.002、…、1.009	0.001	9
			1.01、1.02、…、1.09	0.01	9
			1.1、1.2、…、1.9	0.1	9
			2、3、…、9	1	8
			10、20、…、100	10	10
4	38	0、1、2、3	1、1.005	—	2
			1.01、1.02、…、1.09	0.01	9
			1.1、1.2、…、1.9	0.1	9
			2、3、…、9	1	8
			10、20、…、100	10	10
5	10⁻	00、0、1	0.991、0.992、…、1	0.001	10
6	10⁺		1、1.001、…、1.009	0.001	10
7	10⁻		1.991、1.992、…、2	0.001	10
8	10⁺		2、2.001、…、2.009	0.001	10
9	8	00、0、1、2、3	125、150、175、200、250、300、400、500	—	8
10	5		600、700、800、900、1000	—	5

为了使量块组的块数为最小值,在组合时就要根据一定的原则来选取块规尺寸,即首先选择能去除最小位数尺寸的量块。例如,若要组成 87.545 mm 的量块组,其量块尺寸的选择方法如下。

选用的第一块量块尺寸为 1.005 mm,剩下的尺寸为 86.54 mm;选用的第二块量块尺寸为 1.04 mm,剩下的尺寸为 85.5 mm;选用的第三块量块尺寸为 5.5 mm,剩下的第四块尺寸为 80 mm。

(3) 量块使用注意事项

1) 使用前,先在汽油中洗去防锈油,再用清洁的麂皮或软绸擦干净。不要用棉纱头去擦量块的工作面,以免损伤量块的测量面。

2) 清洗后的量块不要直接用手去拿,应当用软绸衬起来拿。若必须用手拿量块,应当把手洗干净,并且要拿在量块的非工作面上。

3) 把量块放在工作台上时,应使量块的非工作面与台面接触。不要把量块放在蓝图上,因为蓝图表面有残留化学物,会使量块生锈。

4) 不要将量块的工作面与非工作面进行推合,以免损伤测量面。

5) 量块使用后,应及时在汽油中清洗干净,用软绸擦干后涂上防锈油,放在专用的盒子里。若需要经常使用,可在洗净后不涂防锈油,放在干燥缸内保存。绝对不允许将量块长时间地黏合在一起,以免由于金属黏结而引起不必要的损伤。

(4) 量块附件

为了扩大量块的应用范围,便于各种测量工作,可采用成套的量块附件。主要的量块附件包括不同长度的夹持器和各种测量用的量脚,如图3-46(a)所示。量块组与量块附件装置后,可用作校准量具尺寸(如内径百分尺的校准),测量轴径、孔径、高度和划线等工作,如图3-46(b)所示。

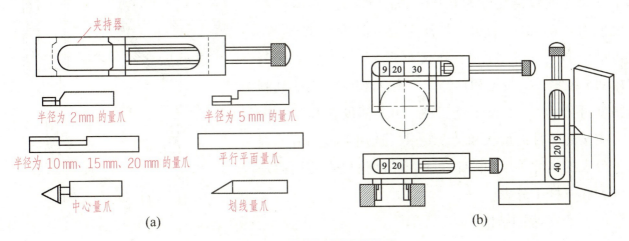

图3-46 量块的附件及其使用

(a) 量块的附件;(b) 量块附件的使用

> **量块一般用于哪些场合?**

3. 指示式量具

指示式量具是以指针指示出测量结果的量具。车间常用的指示式量具有百分表、千分表、杠杆百分表和内径百分表等，主要用于校正零件的安装位置、检验零件的形状精度和相互位置精度，以及测量零件的内径等。通常指示式量具在精密尺寸测量和技能大赛中作为首选测量用具，因此需要同学们认真学习并加以掌握。

> **应在什么场合使用百分表、千分表等精密测量用具？**

百分表和千分表都是用来校正零件或夹具的安装位置、检验零件的形状精度或相互位置精度的，它们的结构原理基本相同，不同的是千分表的读数精度比较高，即千分表的读数精度值为 0.001 mm，而百分表的读数精度值为 0.01 mm。百分表适用于尺寸精度为 IT8~IT6 级零件的校正和检验；千分表则适用于尺寸精度为 IT7~IT5 级零件的校正和检验。百分表和千分表按其制造精度可分为 0、1 和 2 级三种，0 级精度较高。使用时，应按照零件的形状和精度要求，选用合适的百分表或千分表的精度等级和测量范围。车间里经常使用的是百分表和杠杆千分表。

（1）百分表的结构

百分表的外形如图 3-47 所示，表盘上刻有 100 个等分格，其刻度值（即读数值）为 0.01 mm。当指针转一圈时，小指针即转动一小格，转数指示盘的刻度值为 1 mm。用手转动表圈时，表盘也跟着转动，可使指针对准任一刻线。测量杆是沿着套筒上下移动的，套筒可作为安装百分表用。

图 3-48 所示为百分表内部机构的示意图。带有齿条的测量杆的直线移动，通过齿轮传动（Z_1、Z_2、Z_3）转变为指针的回转运动。齿轮 Z_4 和弹簧 1 使齿轮传动的间隙始终在一个方向，起着稳定指针位置的作用。弹簧 2 的作用是控制百分表的测量压力。当百分表内的齿轮传动机构使测量杆直线移动 1 mm 时，指针正好回转一圈。

由于百分表和千分表的测量杆是做直线移动的，可用来测量长度尺寸，所以它们也是长

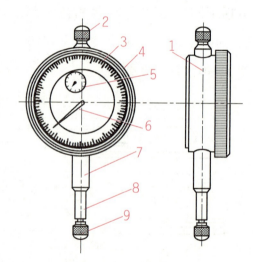

图 3-47 百分表外形
1—表体；2—圆头；3—表盘；4—表圈；
5—转数指示盘；6—指针；7—套筒；
8—测量杆；9—测量头

度测量工具。目前，国产百分表的测量范围（即测量杆的最大移动量）有 0~3 mm、0~5 mm、0~10 mm 三种。读数值为 0.001 mm 的千分表，测量范围为 0~1 mm。

(2) 百分表的使用方法

使用百分表时，必须注意以下几点：

1) 使用前，应检查测量杆活动的灵活性，即轻轻推动测量杆时，测量杆在套筒内的移动要灵活，没有任何轧卡现象，且每次放松后指针能恢复到原来的刻度位置。

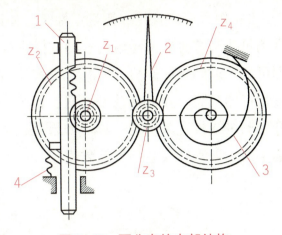

图 3-48 百分表的内部结构

1—测量杆；2—指针；3—弹簧1；4—弹簧2

2) 使用百分表时，必须把它固定在可靠的夹持架上，如固定在万能表架或磁性表座上，如图 3-49 所示，夹持架要安放平稳，以免使测量结果不准确或摔坏百分表。

图 3-49 安装在专用夹持架上的百分表

用夹持百分表的套筒来固定百分表时，夹紧力不要过大，以免因套筒变形而使测量杆活动不灵活。

3) 用百分表测量零件时，测量杆必须垂直于被测量表面，如图 3-50 所示，即使测量杆的轴线与被测量尺寸的方向一致，否则将使测量杆活动不灵活或使测量结果不准确。

4) 测量时，不要使测量杆的行程超过它的测量范围；不要使测量头突然撞在零件上；不要使百分表受到剧烈的振动和撞击；亦不要把零件强迫推入测量头下，免得损坏百分表的机件而导致其失去精度。因此，用百分表测量表面粗糙或有显著凹凸不平的零件是错误的。

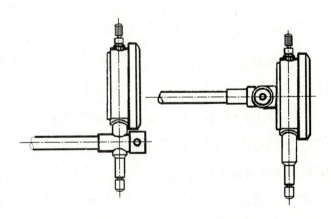

图 3-50 百分表安装方法

5）用百分表校正或测量零件时，如图3-51所示，应当使测量杆有一定的初始测力，即在测量头与零件表面接触时，测量杆应有0.3~1 mm的压缩量（千分表可小一点，有0.1 mm即可），使指针转过半圈左右，然后转动表圈，使表盘的零位刻线对准指针。轻轻地拉动手提测量杆的圆头，拉起和放松几次，检查指针所指的零位有无改变。当指针的零位稳定后，再开始测量或校正零件的工作。如果是校正零件，此时开始改变零件的相对位置，读出指针的偏摆值，即零件安装的偏差数值。

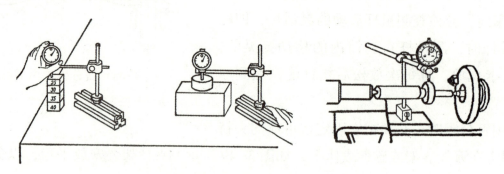

图3-51　百分表尺寸校正与检验方法

6）如图3-52所示，检查工件平整度或平行度时，将工件放在平台上，使测量头与工件表面接触，调整指针使其摆动1/3 ~ 1/2r，然后把刻度盘零位对准指针，跟着慢慢地移动表座或工件，当指针顺时针摆动时，说明工件偏高；反时针摆动，则说明工件偏低。

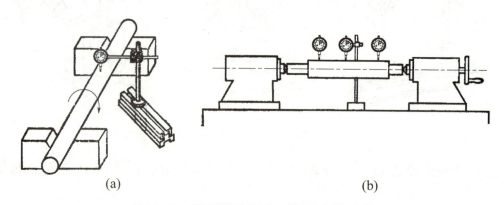

图3-52　轴类零件圆度、圆柱度及跳动
(a) 工件放在V形铁上；(b) 工件放在专用检验架上

进行轴测时，是以指针摆动最大数字为读数（最高点）；测量孔时，则是以指针摆动最小数字（最低点）为读数。

检验工件的偏心度时，如果偏心距较小，则可按图3-53所示的方法测量偏心距，把被测轴装在两顶尖之间，使百分表的测量头接触在偏心部位上（最高点），用手转动轴，百分表上指示出的最大数字和最小数字（最低点）之差就等于偏心距的实际尺寸。偏心套的偏心距也可用上述方法来测量，但必须将偏心套装在心轴上进行测量。

偏心距较大的工件，因受到百分表测量范围的限制，就不能用

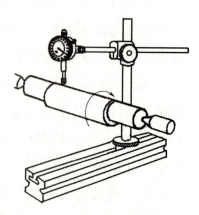

图3-53　在两顶尖上测量偏心距的方法

上述方法测量。这时可用如图 3-54 所示的间接测量偏心距的方法。测量时，把 V 形铁放在平板上，把工件放在 V 形铁中，转动偏心轴，用百分表测量出偏心轴的最高点，即找出最高点，之后工件固定不动。再将百分表水平移动，测出偏心轴外圆到基准外圆之间的距离 a，然后用下式计算出偏心距 e：

$$\frac{D}{2} = e + \frac{d}{2} + a$$

$$e = \frac{D}{2} - \frac{d}{2} - a$$

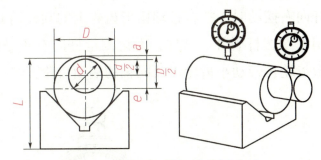

图 3-54 偏心距的间接测量方法

式中，e——偏心距，单位 mm；

D——基准轴外径，单位 mm；

d——偏心轴直径，单位 mm；

a——基准轴外圆到偏心轴外圆之间的距离，单位 mm。

用上述方法测量偏心距，必须用百分尺把基准轴直径和偏心轴直径实际尺寸准确地测量出来，否则计算时会产生误差。

7）检验车床主轴轴线对刀架移动平行度时，在主轴锥孔中插入一检验棒，把百分表固定在刀架上，使百分表测头触及检验棒表面，如图 3-55 所示。移动刀架，分别对侧母线 A 和上母线 B 进行检验，记录百分表读数的最大差值。为消除检验棒轴线与旋转轴线不重合对测量的影响，必须将主轴旋转 180°，再用同样的方法检验一次 A、B 的误差，两次测量结果

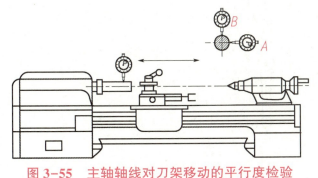

图 3-55 主轴轴线对刀架移动的平行度检验

A—侧母线位置；B—上母线位置

代数和的一半就是主轴轴线对刀架移动的平行度误差。要求水平面内的平行度允差只许向前偏，即检验棒前端偏向操作者；垂直平面内的平行度允差只许向上偏。

8）检验刀架移动在水平面内直线度时，将百分表固定在刀架上，使其测头顶在主轴和尾座顶尖间的检验棒侧母线上，如图 3-56 所示。调整尾座，使百分表在检验棒两端的读数相等，然后移动刀架，在全行程上检验。百分表在全行程上读数的最大代数差值就是水平面内的直线度误差。

9）在使用百分表的过程中，要严格防止水、油和灰尘渗入表内，测量杆上也不要加油，免得粘有灰尘的油污进入表内，影响表的灵活性。

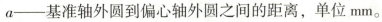

图 3-56 刀架移动在水平面内的直线度检验

10）百分表不使用时，应使测量杆处于自由状态，以免使表内的弹簧失效。如内径百分

表上的百分表不使用时，应拆下来保存。

(3) 杠杆千分表

杠杆千分表的分度值为0.002 mm，其原理如图3-57所示，当测量杆向左摆动时，拨杆推动扇形齿轮上的圆柱销C使扇形齿轮绕轴B逆时针转动，此时圆柱销D与拨杆脱开。当测量杆向右摆动时，拨杆推动扇形齿轮上的圆柱销D，也使扇形齿轮绕轴B逆时针转动，此时圆柱销C与拨杆脱开。这样，无论测量杆向左还是向右摆动，扇形齿轮总是逆时针方向转动，扇形齿轮再带动小齿轮以及同轴的端面齿轮，经小齿轮，由指针在刻度盘上指示出数值。

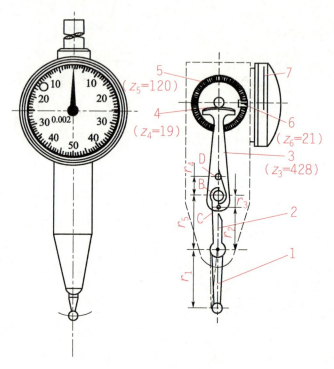

图3-57 杠杆千分表

1—测量杆；2—拨杆；3—扇形齿轮；
4，6—小齿轮；5—端面齿轮；7—指针

已知$r_1 = 16.39$ mm，$r_2 = 12$ mm，$r_3 = 3$ mm，$r_4 = 5$ mm，$z_3 = 428$，$z_4 = 19$，$z_5 = 120$，$z_6 = 21$，当测量杆向左移动0.2 mm时，指针7的转数n为

$$n \approx \frac{0.2}{16.39} \times \frac{12}{2\pi \times 3} \times \frac{428}{19} \times \frac{120}{21} \approx 1 \text{（r）}$$

由于刻度盘等分100格，因此1格所表示的测量值b为

$$b \approx \frac{0.2 \text{ mm}}{100} = 0.002 \text{ mm}$$

当测量杆向右移动0.2 mm时，指针7的转数为

$$n \approx \frac{0.2}{16.39} \times \frac{20}{2\pi \times 5} \times \frac{428}{19} \times \frac{120}{21} \approx 1 \text{（r）}$$

由于杠杆比相同，因此测量杆向左或向右转动的两条传动链的传动比是相等的，也就是分度值相等。

(4) 杠杆千分表使用注意事项

1) 千分表应固定在可靠的表架上,测量前必须检查千分表是否夹牢,并多次提拉千分表测量杆与工件接触,观察其重复指示值是否相同。

2) 测量时,不准用工件撞击测头,以免影响测量精度或撞坏千分表。为保持一定的起始测量力,测头与工件接触时,测量杆应有 0.3~0.5 mm 的压缩量。

3) 测量杆上不要加油,以免油污进入表内,影响千分表的灵敏度。

4) 千分表测量杆与被测工件表面必须垂直,否则会产生误差。

5) 杠杆千分表的测量杆轴线与被测工件表面的夹角越小,误差就越小。如果由于测量需要,α 角无法调小时(当 α > 15°),应对其测量结果进行修正。由图 3-58 可知,当平面上升距离为 a 时,杠杆千分表摆动的距离为 b,也就是杠杆千分表的读数为 b,因为 b > a,所以指示读数增大。具体修正计算式如下

$$a = b\cos\alpha$$

例:用杠杆千分表测量工件时,测量杆轴线与工件表面夹角 α 为 30°,测量读数为 0.048 mm,求正确测量值。

解:$a = b\cos\alpha = 0.048 \times \cos 30° = 0.048 \times 0.866 = 0.0416$(mm)

(5) 杠杆千分表的使用方法

1) 杠杆千分表体积较小,适合于零件上孔的轴心线与底平面的平行度的检查,如图 3-59 所示。将工件底平面放在平台上,使测量头与 A 端孔表面接触,左右慢慢移动表座,找出工件孔径最低点,调整指针至零位,将表座慢慢向 B 端推进。也可以将工件转换方向,再使测量头与 B 端孔表面接触,A、B 两端指针最低点和最高点在全程上读数的最大差值,就是全部长度上的平行度误差。

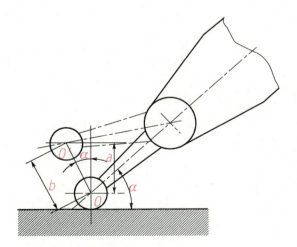

图 3-58 杠杆千分表测杆轴线位置引起的测量误差

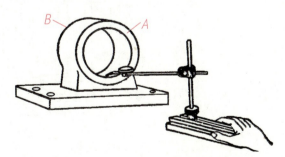

图 3-59 孔的轴心线与底平面的平行度检验方法

2) 用杠杆千分表检验键槽的直线度时,如图 3-60 所示。在键槽上插入检验块,将工件放在 V 形铁上,千分表的测头触及检验块表面进行调整,使检验块表面与轴心线平行。调整

好平行度后，将测头接触 A 端平面，调整指针至零位，将表座慢慢向 B 端移动，在全程上检验。千分表在全程上读数的最大代数差值就是水平面内的直线度误差。

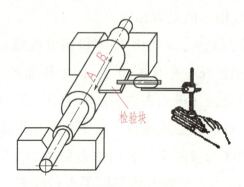

图 3-60　键槽直线度的检验方法

3）检验车床主轴轴向窜动量时，在主轴锥孔内插入一根短锥检验棒，在检验棒中心孔放一颗钢珠，将千分表固定在车床上，使千分表平测头顶在钢珠上，如图 3-61 所示位置 A，沿主轴轴线加一力 F，旋转主轴进行检验。千分表读数的最大差值就是主轴轴向窜动的误差。

4）检验车床主轴轴肩支承面跳动时，将千分表固定在车床上使其测头顶在主轴轴肩支承面靠近边缘处，如图 3-61 所示位置 B，沿主轴轴线加一力 F，旋转主轴检验。千分表的最大读数差值就是主轴轴肩支承面的跳动误差。

检验主轴的轴向窜动和轴肩支承面跳动时外加一轴向力 F，其原因是消除主轴轴承轴向间隙对测量结果的影响，其大小一般等于 1/2～1 倍主轴重量。

5）内外圆同轴度的检验，在排除内外圆本身的形状误差时，可用圆跳动量的 1/2 来计算。以内孔为基准时，可把工件装在两顶尖的心轴上，用杠杆千分表检验，如图 3-62 所示，在工件转一周的读数，就是工件的圆跳动。以外圆为基准时，把工件放在 V 形铁上，如图 3-63 所示，用杠杆千分表检验。这种方法可用于测量不能安装在心轴上的工件。

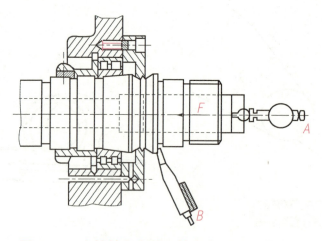

图 3-61　主轴轴向窜动和轴肩支承面跳动检查

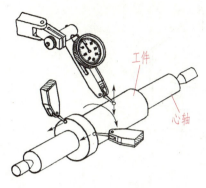
图 3-62 在心轴上检验圆跳动

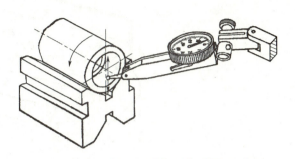
图 3-63 在 V 形铁上检验圆跳动

7) 齿向准确度检验，如图 3-64 所示。将锥齿轮套入测量心轴，心轴装夹于分度头上，校正分度头主轴使其处于准确的水平位置，然后在游标高度尺上装一杠杆千分表，用杠杆千分表找出测量心轴上母线的最高点，并调整零位，将游标高度尺连同杠杆千分表降下一个心轴半径尺寸，此时杠杆千分表的测头零位正好处于锥齿轮的中心位置。再用调好零

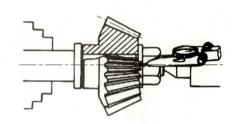
图 3-64 检查齿向精度

位的杠杆千分表去测量齿轮处于水平方向的某一个齿面，使该齿大小端的齿面最高点都处于杠杆千分表的零位上，此时，该齿面的延伸线与齿轮轴线重合。以后，只需摇动分度盘依次进行分齿，并测量大小端读数是否一致，若读数一致，说明该齿侧方向齿向精度是合格的；否则，该项精度有误差。一侧齿测量完毕后，将杠杆千分表测头改成反方向，用同样的方法测量轮齿另一侧的齿向精度。

> 分析百分表、千分表、杠杆百分表和内径百分表的测量范围。

4. 正弦规

正弦规是用于准确检验零件及量规角度和锥度的量具。

由于其是利用三角函数的正弦关系来度量的，故称正弦规或正弦尺、正弦台。由图 3-65 可见，正弦规主要由带有精密工作平面的主体和两个精密圆柱组成，四周可以装有挡板（使用时只装互相垂直的两块），测量时作为放置零件的定位板。国产正弦规有宽型和窄型两种，其规格见表 3-21。

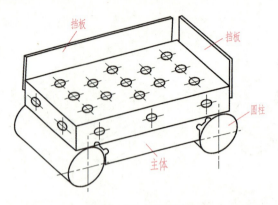

图 3-65 正弦规

表 3-21 正弦规的规格

两圆柱中心距/mm	圆柱直径/mm	工作台宽度/mm		精度等级
		窄型	宽型	
100	20	25	80	0.1 级
200	30	40	80	

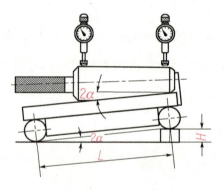

图 3-66 正弦规的应用

正弦规两个精密圆柱的中心距的精度很高，窄型正弦规 200 mm 中心距的误差不大于 0.003 mm，宽型的不大于 0.005 mm。同时，主体上工作平面的平直度以及它与两个圆柱之间的相互位置精度都很高，因此可以用于精密测量，也可作为机床上加工带角度零件的精密定位用。利用正弦规测量角度和锥度时，测量精度可达 ±3″~±1″，但适宜测量小于 40° 的角度。图 3-66 所示为应用正弦规测量圆锥塞规锥角的示意图。

正弦规的使用方法：应用正弦规测量零件角度时，先把正弦规放在精密平台上，被测零件（如圆锥塞规）放在正弦规的工作平面上，被测零件的定位面平靠在正弦规的挡板上（如圆锥塞规的前端面靠在正弦规的前挡板上）。在正弦规的一个圆柱下面垫入量块，用百分表检查零件全长的高度，调整量块尺寸，使百分表在零件全长上的读数相同。此时，就可应用直角三角形的正弦公式算出零件的角度。

由

$$\sin 2\alpha = \frac{H}{L}$$

得

$$H = L \times \sin 2\alpha = \frac{H}{L}$$

式中，sin——正弦函数符号；

2α——圆锥的锥角（°）；

H——量块的高度（mm）；

L——正弦规两圆柱的中心距（mm）。

例如，测量圆锥塞规的锥角时，使用的是窄型正弦规，中心距 L = 200 mm，在一个圆柱下垫入的量块高度 H = 10.06 mm 时，才使百分表在圆锥塞规的全长上读数相等。此时圆锥塞规的锥角计算如下：

$$\sin 2\alpha = \frac{H}{L} = \frac{10.06}{200} = 0.0503$$

查正弦函数表得 2α = 2°53′，即圆锥塞规的实际锥角为 2°53′。

图 3-67 所示为锥齿轮的锥角检验。由于节锥是一个假想的圆锥，直接测量节锥角有困难，通常以测量根锥角 φ_f 值来代替。简单的测量方法是用全角样板测量根锥角，或用半角样板测量根锥角。此外，也可用正弦规测量，将锥齿轮套在心轴上，心轴置于正弦规上，将正弦规垫起一个根锥角 φ_f，然后用百分表测量齿轮大小端的齿根部即可。根据根锥角 φ_f 值计算应垫起的量块高度 H：

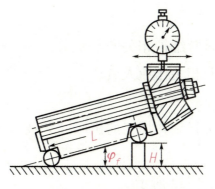

图 3-67　用正弦规检验根锥角

$$H = L\sin \varphi_f$$

式中，H——量块高度；

L——正弦规两圆柱的中心距；

φ_f——锥齿轮的根锥角。

> 试描述正弦规与量块之间的关系。

八、孔加工操作安全生产

本部分实际操作过程中,学生必须听从实训指导老师的统一指挥,按照实训环境规章管理制度与设备安全操作规范有序地进行项目课题实际操作和生产体验。杜绝违反安全生产规章制度,防范安全隐患,正确穿戴劳动防护用品。本实操过程中最大的安全隐患主要来自于:钻孔伤手、砂轮爆裂、砸伤、擦伤、划伤和飞溅等职业伤害。

1. 安全生产的注意事项

1) 工作时要穿好工作服,扎好袖口,女同学应戴好工作帽,头发应塞在帽子里。
2) 禁止穿背心、裙子、短裤,以及戴围巾、穿拖鞋或者高跟鞋进入实训车间。
3) 严格遵守安全操作规程,不嬉戏、打闹。
4) 注意防火与安全用电。

2. 钻床操作的安全规程

(1) 范围

本规程规定了台钻的操作和日常维护相关安全要求。

本规程适用于台钻设备操作及相关作业人员。

(2) 术语和定义

钻床:主要用钻头在工件上进行钻孔加工的机床(含技术参数)。

(3) 工作程序及要求

1) 本岗位的主要危险源如表3-22所示。

表3-22 钻床操作的主要危险源

序号	设备设施/场所	危险源	可能造成的事故/伤害	可能造成伤害的主要岗位	危险和有害因素分类
1	钻床	操作钻床时佩戴手套操作或操作时用手接触运动部件	机械伤害	钳工维修工	违章作业
2	钻床	钻削时使用棉纱或手清除长铁屑	机械伤害	钳工维修工	违章作业

2）作业活动禁止性要求。

①禁止戴手套操作钻床。

②禁止用手直接拿工件钻孔。

③禁止用风吹或用手清除长铁屑。

④禁止设备运转时翻转、卡压或测量工件。

⑤禁止设备运转时用手直接接触转动部件。

⑥禁止在连续三次无法启动、故障原因未明确并被排除之前再次启动钻床。

3）劳动防护用品配备、维护及穿戴要求。

①钻床操作、保养及维修作业的人员衣服下摆、袖口、衣领等均应保持紧凑，长发职工应戴好工作帽并把头发扎入帽子内，避免佩戴过长、过大的饰品。

②作业人员在使用前应检查防护用品（防尘口罩、劳保皮鞋）。

③作业人员应将防护用品保存在清洁、干燥、通风的地方，并对其进行清洁维护，每周检查以上防护用品外观的有效性等，确保其完整、有效。

4）作业前安全操作要求。

①检查钻床设备安全部件有无缺少，电源线、插头等有无破损，发现破损或缺失时，必须修复后方可使用。

②开机前检查各手柄是否放在规定位置上，操纵机构应灵活可靠。

③清理工作台表面，除了加工工件及必要的垫块外，不得再堆放其他物品。

④手动调整升降工作台至合适的位置。

⑤将钻头和工件卡紧固定。

5）作业过程安全操作要求。

①连续三次无法启动钻床时，应确保断开电源后对其实施检查，在故障原因未明确并排除之前不得再频繁尝试启动。

②小工件钻孔要用虎钳夹紧，大工件钻孔要用压板压牢，不得用手抓住零件钻孔。

③在钻削开始或工件要钻穿时，缓慢进钻。

④钻削过程中的手动进给应均匀平稳，避免用力过猛。

⑤钻孔排屑困难或在铸件上钻通孔时，应进钻和退钻反复交替进行。

⑥变换转速、换钻头、清扫铁屑等均应停车进行。钻头上有长铁屑时，应停车用专用工具清除。

⑦电钻台面升到位后，要把紧固螺丝上紧，整个钻体升降时一定要控制好手柄。

⑧钻头未退出工件前不得停机。

⑨加工零件需用冷却液时，要用毛刷进行加注，严禁用布或棉纱绞缠物加冷却液。

⑩如遇突然停电，应立即关闭设备电源总闸。

⑪废弃的含油废棉纱、手套不得随意丢弃，应集中放置于指定的回收箱内。

6）作业结束安全操作要求。

①作业结束后应确保关闭钻床主电源和总闸。

②在设备完全停止后，对其进行清扫、清洁。

③作业结束后，应及时清理钻床工作台上的工具和工件。

7）应急措施。

①当发生手指割伤、挤压伤，甚至发生手指断离的情况时，应大声呼救，并尽快关断设备，退出受伤的手指（就近的其他操作人员、维修保养人员应积极协助），并立即前往医院接受进一步的救护和处理。

②因铁屑或工件飞出导致受伤时，应大声呼救，尽快远离设备运转部件，并尽可能关断设备，立即前往医院接受进一步的救护和处理。

③若眼内飞入铁屑，切忌揉眼和使劲眨眼，应尽快取出，或立即前往医院接受进一步的救护和处理。

④若伤口出血，应用力按住伤口旁边靠近心脏端的血管止血，并立即前往医院进行处理。

⑤受伤者或身边的其他人员应立即报告当班班长。

3. 砂轮机使用的安全规程

（1）范围

1）本规程规定了砂轮机的操作和日常维护相关安全要求。

2）本规程适用于砂轮机操作及相关作业人员。

（2）规范性引用文件

1）JB 8799—1998《砂轮机安全防护技术条件》。

2）GB 2494—2003《普通磨具安全规程》。

（3）术语和定义

砂轮机：用于刃磨各种刀具、工具的设备。

（4）工作程序及要求

1）本岗位的主要危险源如表3-23所示。

表3-23 砂轮机使用的主要危险源

序号	设备设施/场所	危险源	可能造成的事故/伤害	可能伤害的主要岗位	危险和有害因素分类	控制措施
1	砂轮机作业	砂轮爆裂	机械伤害	操作工	违章作业；砂轮质量缺陷	见下条款
2	砂轮机作业	工件飞出	物体打击	操作工	违章作业	见下条款

2）作业活动禁止性要求。

①禁止在砂轮机上加工0.5 m以上及重量在3 kg以上的较重工件。

②禁止戴手套实施磨削。

③禁止两人同时使用一台砂轮机。

④禁止用砂轮的侧面磨削。

⑤禁止站在砂轮正面操作。

⑥禁止用手接触正在转动的砂轮。

⑦禁止用砂轮打磨软金属、非金属材料和零件。

3）劳动防护用品设备配备、维护及穿戴要求。

①砂轮机操作人员、衣服下摆、袖口、衣领等均应保持紧凑。

②长发职工应戴好工作帽并把头发扎入帽子内。

③避免佩戴过长、过大的饰品。

④佩戴护目镜。

4）作业前安全操作要求。

①检查砂轮机电源线、插头等绝缘是否完好,发现破损或缺失时应及时报告设备管理员,修复后方可使用。

②检查砂轮有无裂纹,轻轻敲击砂轮有无异响,发现裂纹应停止使用,立即报告设备管理员更换好的砂轮后方可使用。

③检查调整挡屑板与砂轮外圆周表面之间的间隙,确保≤6 mm。

④检查调整托架与砂轮外圆周表面之间的间隙,确保在1~3 mm内。

⑤检查砂轮螺母有无松动,若松动必须实施紧固,应避免螺母过紧引发滑丝现象。

⑥检查砂轮罩是否牢固,发现松动必须实施紧固后方可使用。

⑦更换安装砂轮后,要空转试验2~3 min,观察其运转是否平稳,护罩、挡屑板、托架等是否妥善可靠,在测试运转时,应安排两名工作人员,其中一人站在砂轮侧面开动砂轮,如有异常,由另一人在配电柜处立即切断电源,防止事故发生。

5）作业过程安全操作要求。

①砂轮机开动后应等待40~60 s,待运转安全稳定后方可磨削;若砂轮机跳动明显,应及时停机并排除故障。

②确认砂轮机的旋转方向正确,即只能使磨屑向下飞离砂轮。

③磨屑刀具时应站在砂轮侧面,不可正对砂轮,以防砂轮片破碎飞出伤人。

④刃磨时,刀具应略高于砂轮中心位置,不得用力过猛,以防滑脱伤手。

⑤初磨时不能用力过猛,以免砂轮受力不均匀而发生危险。

⑥磨削刀具时间较长时,应及时进行冷却,防止烫手。

⑦如遇突然停电,应立即关闭设备电源,待得到恢复正常供电的通知后,方可开车。

6）作业结束安全操作要求

①使用完毕后应先关闭砂轮机开关,并确保断开砂轮机电源,待设备完全停止后,方可

对其实施清扫、清洁。

②清洁砂轮机后，不得将任何工具、用品遗留在砂轮机上。

③设备保养后，废弃的含油棉纱、手套不得随意丢弃，应集中放置于指定类别的垃圾箱。

7) 应急措施

①当发生手指割伤、挤压伤，甚至发生手指断离的情况时，应大声呼叫，并尽快关断设备，退出受伤的手指，并立即前往医院进行进一步救护和处理。

②因砂轮爆裂或工件飞出导致受伤时，应大声呼救，尽快远离设备运转部件，并尽可能关断设备，立即前往医院进行进一步救护和处理。

③若眼内飞入铁屑或砂子，切忌揉眼和使劲眨眼，应尽快取出，或立即前往医院接受进一步救护和处理。

④若伤口出血，应按住伤口旁边靠近心脏端的血管止血，并立即前往医院进行处理。

⑤受伤者或身边的其他人员应立即报告当班班长。

为什么钻床操作禁止戴手套？

为什么禁止站在砂轮正面操作？

操作设备时为什么要检查安全部件有无缺少？

单元二 制作多孔模板

本节实训项目通过选取多孔安装板作为本阶段钳工理论和技能学习的实训工件。该工件主要由不同孔径、不同位置尺寸、不同形状以及不同加工精度的孔系组成,对学生而言,具有较强的针对性。接下来,将按照完成各种不同技术要求的孔系,进行较为系统的学习。

通过本节的学习,学生应达到以下学习目标。

1) 能够熟练操作钳工孔系加工手段。

2) 能够懂得钳工钻孔的技术要求和操作方法,正确运用钻孔、扩孔、锪孔、铰孔等钳工工艺。

3) 能够按照技术图纸的要求选择加工路线。

4) 能够掌握钻头等孔加工刀具的刃磨技术。

5) 能够正确运用六点定位原则,合理进行孔系定位。

一、项目任务

按图3-68所示的要求加工多孔安装板。毛坯是已经加工完成的45钢(尺寸:60 mm×60 mm×20 mm)的板料。

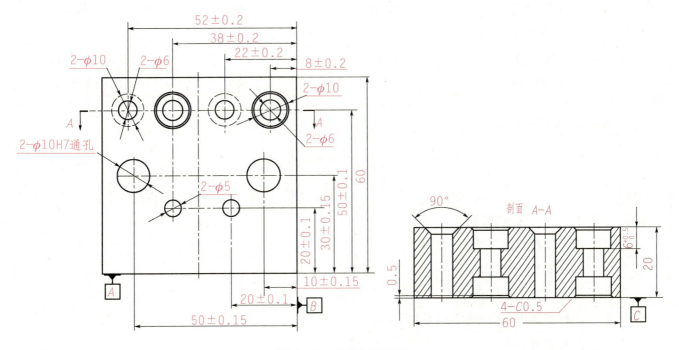

图3-68 多孔安装板

实习资料见表3-24。

表 3-24　实习资料

实习件名称	材料	材料来源	本道工序	件数	工时
多孔安装板	45 钢	上工序转入	孔加工	1 件	6 h

二、项目实施

要完成多孔安装板的制作，教师需要进行系统准备，规划好加工途径，重点做好项目内容设计和完成本项目需要的刀具、量具、设备，以及安全控制措施。接下来，请按照制作多孔安装板的零件图，查阅相关资料，分别完善实施计划表 3-25 和填写项目实施配套表 3-26。

1. 项目实施计划表

表 3-25　项目实施计划

序号	项目及内容	地点	课时/min	备注
1	课前准备			课余时间
2	组织教学		20	
3	图纸工艺分析	教室	120	
4	教师示范	车间	40	
5	学生观摩	车间	40	
6	学生练习	车间	400	
7	姿势测试	车间	60	全体
8	课题总结		30	
9	课题分组	车间		5 人为一小组
10	机动时间		40	清扫卫生等

2. 项目实施配套表

表 3-26　项目实施配套

班级		姓名		工位号		课时	
序号	实施问题			内容			
1	所需要的刀具、量具、夹具						
2	工件安装定位						
3	钻孔所需的冷却液						
4	怎样控制几何精度和尺寸精度						
5	怎样检测零件						
6	主要的技术难点和操作要点						
7	零件的加工工艺流程						
8	指导性意见与评价						

3. 根据图样进行分析

项目实施计划表和项目实施配套表填写完成后，我们需要通过对实施该"多孔安装板"制作项目进一步分析和研究，为同学们了解并学习掌握制作"多孔安装板"的工艺过程及所属相关或相近的孔系加工工艺过程奠定基础。

（1）零件图分析

该过程中主要强调看懂零件图的形状、尺寸、精度和表面粗糙度等技术要求，主要注意以下几点。

1）该加工零件外形为 60 mm×60 mm×20 mm 的正方形单体零件，分别由两组 2-φ10 和 2-φ5、2-φ6 构成零件加工孔系，其中一组 2-φ6 需两面扩孔至 φ10×6 台阶孔，一组 2-φ6 需反面锪沉孔至 φ10，而一组 2-φ10 需精铰孔。从图上技术标注看孔的位置公差最大±0.2 mm、最小±0.1 mm，公差要求较小，存在一定的加工难度，同时各孔的形状、大小、位置均有所不同，但测量基准又一致，孔系之间看似无关却又存在关联关系。因此，在孔的加工顺序安排上，必须遵循先粗后精、先小后大、先钻后锪、先主后次的原则。

2）零件图中孔的尺寸导向均从基准延伸，因此在孔的加工定位或者进行划线确定孔位时，必须严格按照基准统一原则执行，由基准方向安排加工路线。

3）零件图中未注公差部分按自由公差选项，表面粗糙度按 $Ra3.2\ \mu m$ 取值，需注意的是 2-φ10H7 通孔，铰孔时注意控制孔壁的表面粗糙度。

（2）加工工艺分析

结合零件图中孔的各加工要素，以及毛坯材料、刀具、设备等综合分析，制定合理的加工步骤。

1）加工设备的选择。按照实用经济原则以选择现有钻孔设备为主，但必须保证安全，加工范围满足需要，主要选择立式钻床或台式钻床。

2）零件加工前需对毛坯进行检测并做清边处理，加工基准面的选择上，尽可能选择角尺最好的一组边，并对选择基准进行必要的保护。

3）选择定位钻孔一定要注意尺寸的推算，同时装夹定位夹具时，一定要把握牢固可靠。

4）选择划线钻孔时一定要注意孔位划线交集处清晰可见，可将样冲安装在钻夹头上找正，并轻冲预孔，注意钻床不要开动，以免造成伤害。

5）铰孔时注意将工件保护安装在台虎钳上，手铰时保持顺时针旋转铰进铰出，使用手铰刀加机油润滑，若选择在钻床上机铰，则需控制钻床的转速不宜过快，且工件装夹稳定，使用机铰刀。

6）台阶孔加工时应先钻小孔后扩大孔，扩孔时控制钻床的转速不宜过快，并通过钻床定位装置调整好铰孔深度定位，加入润滑油冷却，提高孔的质量。

4. 工件制作步骤

根据"多孔安装板"的零件图的分析结果，按照表 3-27"多孔安装板"加工工艺卡片进行。

表 3-27 多孔安装板加工工艺卡

加工步骤	具体加工内容	图示	备注
1	备料：45 钢（60 mm×60 mm×20 mm）检查来料尺寸，并去除锐边毛刺。锉削外直角面达图纸要求，达到直线度 0.01 mm、垂直度 0.02 mm、表面粗糙度 $Ra \leqslant 1.6\ \mu m$ 的要求		
2	按照技术图样要求划线。首先确定划线基准并由基准展开划线，所划线必须清晰		
3	按照技术图样要求，在图纸所示孔位交线处冲样冲点，保证位置冲点要正		
4	按照技术图样要求钻孔，首先用中心钻在样冲点上钻预孔，完成后再根据各孔大小扩钻孔，注意按各孔加工内容留后续精加工余量	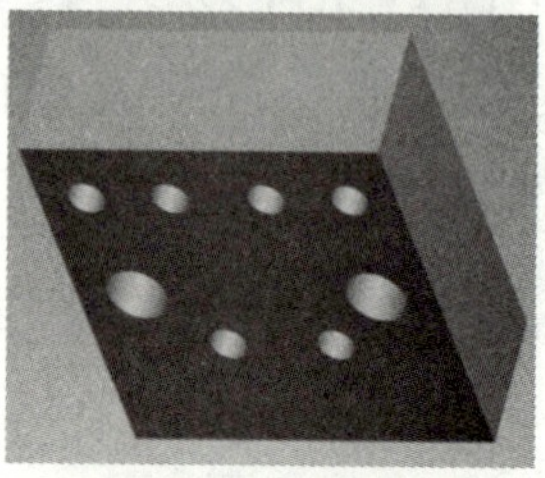	
5	按照技术图样要求，在 2-φ10 预孔 φ9.8 的基础上进行精铰 2-φ10H7 孔的工序		
6	按照技术图样要求，在 2-φ6 孔上进行两面扩台阶孔 2-φ10×6 工序		
7	按照技术图样要求，在 2-φ6 孔上进行反面沉孔至 2-φ10×90° 工序		

5. 技术关键点控制

1) 钻孔刀具的角度按普通麻花钻标准角度要求；扩孔用标准麻花钻改制的锪钻，锪钻修磨时在外圆磨床上进行。

2) 扩孔与机铰孔的速度控制在 240~480 r/min。

3) 工件在钻床上装夹时应采取精密虎钳，若用 90°定位块，则应用螺杆固定装夹。

6. 生产质量检测评分标准

工件制作完成后认真检测，填写孔安装板评分表（由教师配分），如表 3-28 所示。

表 3-28 多孔安装板评分

项次	项目和技术要求	实训记录	配分	得分
1	52±0.2		5	
2	38±0.2		5	
3	22±0.2		5	
4	8±0.2		5	
5	20±0.1		5	
6	30±0.15		5	
7	50±0.1		5	
8	10±0.15		5	
9	20±0.1		5	
10	50±0.15		5	
11	2-φ10×90°		10	
12	4-φ6		10	
13	2-φ10 深 6		10	
14	2-φ10		10	
15	2-φ5		10	

三、项目实施清单

在本阶段学习中同学们应着重掌握项目训练步骤和关键点控制，弄清该类项目的技术工艺特点，下面请根据项目实施清单完成下列各表。

1) 各小组认真按照项目要求，合作完成加工工艺卡片，如表 3-29 所示。

表 3-29　加工工艺卡片

工序号	工序内容	使用设备	工艺参数	工、夹、量具

2）各小组认真按照项目要求，合作完成钻孔与铰孔的加工范围和特点卡片，如表 3-30 所示。

表 3-30　钻孔与铰孔的加工范围和特点卡片

项目	钻孔	铰孔
运用范围		
加工特点		
工具使用		
安全生产		

3）各小组认真按照项目要求，合作完成任务执行中的问题解决卡片，如表 3-31 所示。

表 3-31　任务执行中的问题解决卡片

序号	问题现象	解决方案
1		
2		
3		
4		
5		

4）各小组认真按照项目要求，合作完成任务实施中的执行 6S 情况检查卡片，如表 3-32 所示。

表 3-32　任务实施中的执行 6S 情况检查卡片

小组 6S	第一组	第二组	第三组	第四组
整理				
整顿				
清扫				
清洁				
素养				
安全				
总评				

四、项目检查与评价

工件制作完成，实施该项目检查与评估，严格按照完成项目工作的质量好坏作为唯一评价标准，分别由实训指导老师与学生根据教学过程中的学和练进行双向评价。

1）任务执行中教师评价表如表 3-33 所示。

表 3-33　任务执行中教师评价

分组序号	评价项目	评价内容
1		
2		
3		
4		
5		
6		

2）任务执行中学生评价表如表 3-34 所示。

表 3-34 学生评价

序号	检查的项目	分值	自我测评 结果	自我测评 得分	小组测评 结果	小组测评 得分	教师签评 结果	教师签评 得分
1								
2								
3								
4								
5								
6								
7								

五、知识点回顾

通过本项目的准备、实施、检查、评估等全过程的项目执行，同学们学习到了第一阶段钳工操作的基本内容，接下来我们再对前面所学习到的知识点进行回顾，请同学们认真填写表 3-35。

表 3-35 阶段学习知识点回顾

	问题	回答
钻铰孔类	什么是钻孔、扩孔、铰孔、锪孔	
钻铰孔类	麻花钻、扩孔钻、铰孔钻、锪孔钻的各部分名称是什么	
钻铰孔类	麻花钻刃磨有哪几种类型	
螺纹加工类	螺纹分为哪几种？常用的螺纹是什么	
螺纹加工类	螺纹加工方法有哪几种？其主要作用是什么	
螺纹加工类	螺纹加工过程中的底孔确定有哪些方法	
螺纹加工类	影响螺纹质量的因素有哪几个？为什么	
螺纹加工类	一般情况下断丝锥的取出采取什么方法	
螺纹加工类	套丝的技术关键点是什么	
精密测量类	钳工常用的精密测量用具分为哪几类？它们的规格分别指什么	
精密测量类	简述百分尺工作原理和读数方法	
精密测量类	量块一般运用在什么场合	
精密测量类	如何使用百分表检测轴类零件	
精密测量类	正弦规利用什么原理进行设计？应如何正确使用	
精密测量类	极限量规的定义是什么？有哪些	

单元三 知识巩固练习

本节作为对前面科目学习知识的巩固和回顾练习阶段,非常重要。因此,本节中以"T型模板"和制作"六方螺母及螺栓"两类不同结构但同加工过程的典型工件,作为本节学生固化理论和技能学习的练习工件,帮助学生全面掌握该阶段的学习内容,并巩固学生的实际操作行为,让学生在知识学习与实际工件加工过程中掌握技能操作的知识和技术要领。

一、制作 T 型模板

根据图 3-69 所示零件图及加工要求制作 T 型模板。

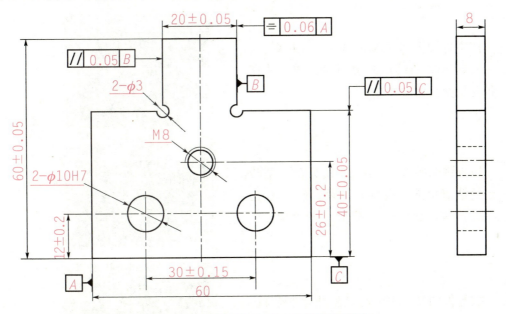

图 3-69 T 型模板及加工要求零件图

通过制作 T 型模板,达到以下学习目标:

1)巩固划线、锯割、锉削、钻孔、攻丝、测量等钳工理论知识。
2)掌握钳工划线、锯割、锉削、钻孔、攻丝、测量的实践技能。
3)掌握 T 型模板及同类或相近工件的加工工艺和操作方法。

1. 使用的刀具、量具和辅助工具

刀口形直尺、万能角度尺、游标卡尺、高度游标卡尺、90°角尺、钻头、丝锥、铰刀、整形锉刀、锯弓、锯条、錾子、榔头、钳工锉等。

2. 工件制作步骤

工件按照表 3-36 所示 T 型模板加工工艺卡进行加工。

表 3-36　T 型模板加工工艺卡

加工步骤	加工内容	图示	备注
1	备料 45 钢（61 mm×61 mm×8 mm）两面磨光处理		
2	选择一组较好基面，按零件图要求锉削工件，加工所需基准 A、C 边		
3	按零件图要求从基准 A、C 边起划线，一次划出 T 型模板的全部加工线，并在各孔位交接处冲样冲点		
4	按零件图要求首先用 $\phi3$ 钻头在 T 型凸台处钻清角消气孔两处以及螺纹中心孔一处；钻 $\phi10H7$ 底孔的 $\phi9.8$ 两处预孔		
5	按零件图要求去除两 T 型凸台处余料，保持锯路平直并可见划线线条		
6	按零件图要求锉削，锉削 T 型模板中间凸台，通过控制左右与外形尺寸误差值来保证对称，锉削时注意纹向一致、锉面平直		
7	按零件图钻 $\phi10H7$ 底孔的 $\phi9.8$ 两处和 M8 螺纹底孔一处		

续表

加工步骤	加工内容	图示	备注
8	按零件图要求对两处 φ9.8 进行铰孔处理，达图要求 φ10H7，用光头极限塞规进行检测		
9	按零件图要求攻制 M8 孔螺纹一处，用螺纹极限塞规进行检测		
10	按零件图要求对完成后的工件进行外观处理，清除所有边及孔的毛刺，并复核尺寸，做好记录	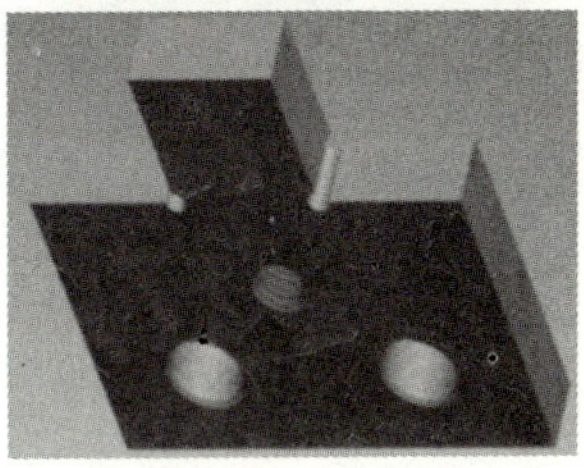	

3. 技术关键点控制

1）T型模板通孔与螺纹孔，孔径检测采用极限量规进行。

2）孔的加工应采用先预孔再扩铰孔进行，每进行一步根据检测结果修正。

4. 质量检查及评分

工件制作完成后认真检测填写表3-37所示T型模板制作评分表（教师制定评分分值）。

表3-37 T型模板制作评分

项次	项目和技术要求	实训记录	配分	得分
1	20±0.05			
2	60±0.05（2处）			
3	40±0.05（2处）			
4	∥ 0.05 C			
5	= 0.06 A			
6	∥ 0.05 B			
7	60			
8	Ra3.2（8处）			
9	2-φ10H7			

续表

项次	项目和技术要求	实训记录	配分	得分
10	M8			
11	30±0.15			
12	12±0.2			
13	26±0.2			
14	安全文明生产，违者扣1~10分			
	总分			

5. 填写项目实施清单

1）各小组讨论加工步骤，填写加工工艺卡片表，如表3-38所示。

表3-38 加工工艺卡片

工序号	工序内容	使用设备	工艺参数	工、夹、量具

2）各小组讨论加工步骤，填写加工范围和特点卡片表，如表3-39所示。

表3-39 加工范围和特点卡片

内容＼项目	钻孔	铰孔	攻螺纹
运用范围			
加工特点			
工具使用			
安全生产			

3）各小组讨论加工步骤，填写任务执行中的问题解决卡片表，如表3-40所示。

表3-40 任务执行中的问题解决卡片

序号	问题现象	解决方案
1		
2		
3		
4		
5		
6		
7		

4）完成学生自我评价表，如表3-41所示。

表3-41 学生自我评价

序号	检查的项目	分值	自我测评		小组测评		教师签评	
			结果	得分	结果	得分	结果	得分
1								
2								
3								
4								
5								
6								
7								
8								

二、制作六方螺母及螺栓

如图3-70所示六方螺母及螺栓加工图。

通过制作六方螺母及螺栓应达到以下学习目标。

1）能够看懂六方螺母及螺栓加工所示技术要求。

2）巩固、提高本单元有关基本操作的技能和技巧。

3）养成安全文明生产习惯。

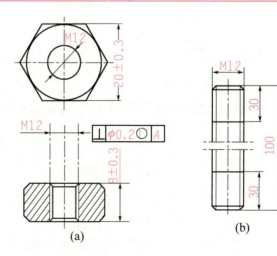

技术要求
（1）锐边去毛刺；
（2）孔口倒角C1。

图3-70 六方螺母及螺栓形状尺寸

（a）六方螺母；（b）螺栓

1. 使用的刀具、量具和辅助工具

制作图示六方螺母及螺栓所用刀具、量具和辅助工具，如表3-42所示。

表3-42 制作六方螺母及螺栓所用各类工量具

序号	名 称	规 格	精度	数量	备 注
1	高度游标卡尺	0~300	1级	1	
2	游标卡尺	自定	1级	1	
3	外径千分尺	0~25	1级	1	
4	万能角度尺	0~320	1级	1	
5	刀口直角尺	63×100	1级	1	
6	平板	300×300	1级	1	
7	V形铁或靠铁	自定		1	
8	划线工具	自定		1套	
9	锉刀	自定			
10	中心钻	自定		1	
11	直柄麻花钻	$\phi3$, $\phi10.2$		各1只	
12	丝锥	M12		1组	机、手用均可
13	手锯及锯条	自定		1套	
14	板牙	M12		1	
15	平行垫铁	自定		1副	
16	软钳口	自定		1副	
17	锉刀刷	自定		1	
18	毛刷	自定		1	

2. 工件制作步骤

六方螺母及螺栓制作步骤参见表3-43所示六方螺母及螺栓的加工工艺卡。

表3-43 六方螺母及螺栓加工工艺卡

加工步骤	具体加工内容	图示	备注
1	1）备料：A3（30 mm×30 mm×8 mm），两面磨光处理； 2）按零件图要求划线，由基准起划出六方螺母外形的全部加工线； 3）按零件图要求锉削工件加工所需基准边，再由基准展开锉削其他相关边	20 ± 0.3	

续表

加工步骤	具体加工内容	图示	备注
2	1）按零件图划出六方螺母螺纹中心预孔 ϕ10.5 的加工线，并在各孔位交接处冲样冲点； 2）按零件图要求钻出 M12 底孔 ϕ10.5，用光头极限塞规进行检测	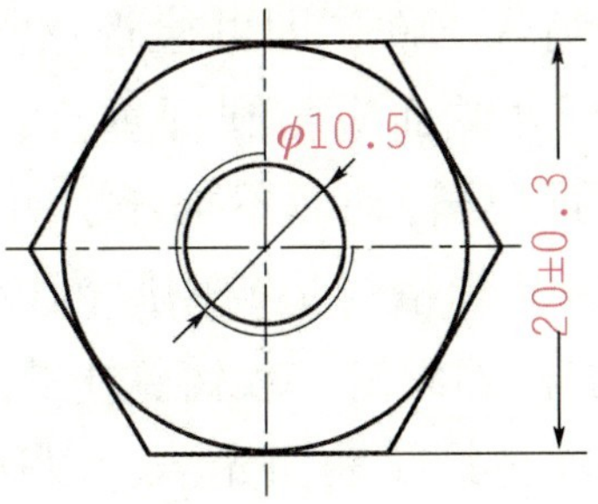	
3	按零件图要求攻制 M12 孔螺纹一处，用螺纹极限塞规进行检测	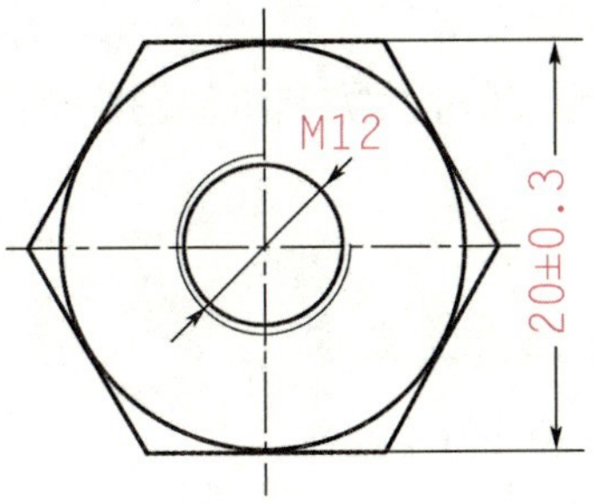	
4	1）检查圆柱直径。应稍小于螺纹的公称尺寸，查表或按经验公式：圆杆直径 = 螺纹外径 $d - (0.13 \sim 0.2)$ 螺距 P； 2）套螺纹前圆杆端部倒角，倒角长度应大于一个螺距，斜角为 15°~30°	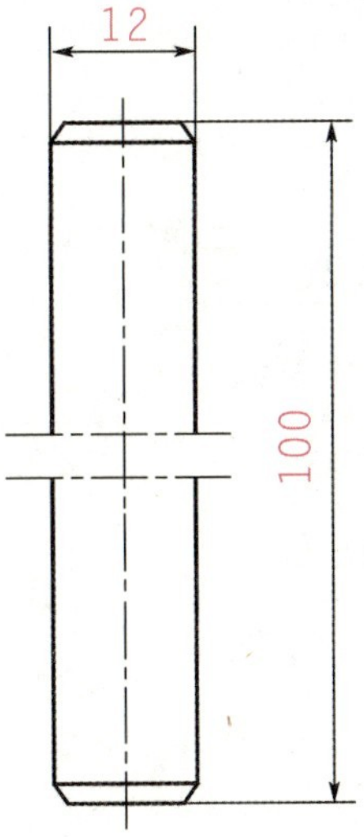	
5	1）用硬木制的 V 形槽衬垫或用厚铜板作保护片来夹持工件； 2）工件伸出钳口的长度为 40 mm，套螺纹时，板牙端面应与圆杆垂直，操作时用力要均匀。开始转动板牙时要稍加压力，套入 3~4 牙后可只转动而不加压，并经常反转，以便断屑； 3）在套螺纹时要加机油润滑，并且每次套螺纹前应将板牙排屑槽内及螺纹内的切屑清除干净	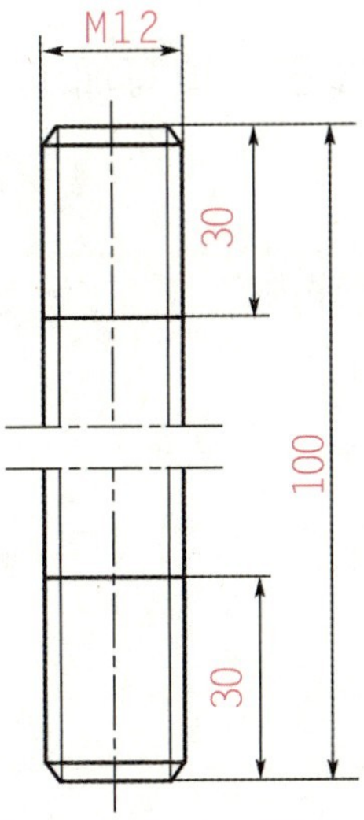	

3. 技术关键点

1) 攻螺纹时，头锥起攻过程要求工件夹紧，右手按住铰杠上端，左手顺时针旋进。1~2 圈后待丝锥切削部分啃入工件，即可检查丝锥与工件的垂直度。

2) 套螺纹时，板牙端面应与圆杆垂直，操作时用力要均匀。开始转动板牙时，要稍加压力，套入 3~4 牙后可只转动而不加压，并经常反转，以便断屑。

3) 使用硬木制的 V 形槽衬垫或用厚铜板作保护片来夹持工件。

4) 攻钢件螺纹加机油润滑，攻铸铁上螺纹加润滑剂或者煤油，攻铝及铝合金、紫铜等材质的螺纹加乳化液，保持螺纹表面光洁，以达到省力和延长丝锥使用寿命的目的。

4. 质量检查及评分

工件制作完成后认真对六方螺母及螺栓进行评分，见表 3-44（教师制定评分分值）。

表 3-44 六方螺母及螺栓评分

项次	项目和技术要求	实训记录	配分	得分
1	20±0.3（3 处）			
2	8±0.3			
3	M12（内螺纹）			
4	4×C1			
5	⊥ ϕ0.2 ⓛ A			
6	M12（外螺纹）			
7	100			
8	30（2 处）			
9	Ra1.6（11 处）			
10	安全文明生产，违者扣 1~10 分			

5. 项目实施清单

1) 各小组讨论加工步骤，填写加工工艺卡片，见表 3-45。

表 3-45 加工工艺卡片

工序号	工序内容	使用设备	工艺参数	工、夹、量具

续表

2）各小组讨论加工步骤，填写加工工艺卡片，见表 3-46。

表 3-46　攻丝与套丝的加工范围和特点

项目	攻丝	套丝
运用范围		
加工特点		
工具使用		
安全生产		

3）各小组讨论加工步骤，填写任务执行中的问题解决卡片，见表 3-47。

表 3-47　任务执行中的问题解决卡片

序号	问题现象	解决方案
1		
2		
3		
4		
5		
6		
7		
8		
9		

续表

4）任务执行中学生自我评价，见表3-48。

表3-48 学生自我评价

序号	检查的项目	分值	自我测评		小组测评		教师签评	
			结果	得分	结果	得分	结果	得分
1								
2								
3								
4								
5								
6								
7								
8								

模块四

钳工配合工件加工

钳工配合工件加工是指利用钳工工具和方法完成两件以上工件的加工或组装，并形成一个组合的组件或部件。配合工件加工是钳工技能学习和技能考核的主要形式，应用广泛，本单元通过引入具体实操学习项目和相关的理论知识，构建起本阶段主要的技能学习单元，侧重钳工实践技能，涉及的专业技术理论和实践项目都是通过"做中学"和"学中做"来完成的，从而帮助学生系统地掌握钳工操作的基础技能，拓展和延伸学生的职业能力。

本单元的学习学生应达到如下目标：

1) 掌握公差配合的基本知识。
2) 熟悉表面粗糙度的划分及正确应用。
3) 掌握精密加工的测量方法和量具选择。
4) 熟练选用和使用各种刀具。
5) 掌握镶配件制作的方法。
6) 掌握组合件的制作方法。
7) 通过配合件加工巩固钳工操作技能。
8) 能够看懂简单装备图纸，并能够按装配图编制零件加工工艺。
9) 具备生产过程安全控制与质量控制的专业能力和专业素养。

【单元学习流程】

配合 → 形位公差 → 表面粗糙度 → 制作镶配件 → 制作圆弧镶配件 → 制作双凸立配组合 → 配合工件加工

单元一　钳工配合工件加工的理论认知

一、配合公差

1. 配合的定义及基本术语

配合是指基本尺寸相同、相互结合的轴与孔公差带之间的关系。

1）孔是圆柱形及由单一尺寸确定的内表面。孔的内部没有材料，从装配关系上看，孔是包容面。孔的直径用大写字母"D"表示。

2）轴是圆柱形及由单一尺寸确定的外表面。轴的内部有材料，从装配关系上看，轴是被包容面。轴的直径用小写字母"d"表示。

这里的孔和轴是广义的，包括圆柱形的孔和轴及非圆柱形的孔和轴。

当孔的尺寸减去相结合的轴的尺寸所得的代数差为正时产生间隙，用大写字母"X"表示。当孔的尺寸减去相结合的轴的尺寸所得的代数差为负时产生过盈，用大写字母"Y"表示。

在方格内画出其他形状的孔和轴

试描述配合在机械加工中的应用案例。

2. 配合种类

按照孔和轴之间配合的不同类别可以分为以下三种形式。

（1）间隙配合

具有间隙的配合（包括间隙为零）称为间隙配合。当配合为间隙配合时，孔的公差带在轴的公差带上方，如图 4-1 所示。

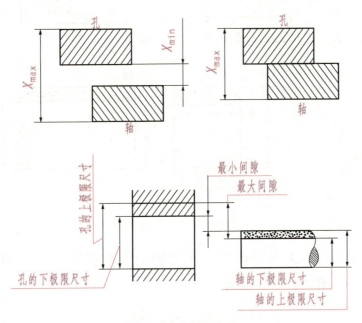

图 4-1　间隙配合

孔的上极限尺寸（或孔的上极限偏差）减去轴的下极限尺寸（或轴的下极限偏差）所得的代数差称为最大间隙，用"X_{max}"表示。

$$X_{max} = D_{max} - d_{min} = ES - ei$$

孔的下极限尺寸（或孔的下极限偏差）减去轴的上极限尺寸（或轴的上极限偏差）所得的代数差称为最小间隙，用"X_{min}"表示。

$$X_{min} = D_{min} - d_{max} = EI - es$$

配合公差是间隙的变动量，用"T_f"表示，它等于最大间隙与最小间隙差的绝对值，也等于孔的公差与轴的公差之和，可用公式表示为

$$T_f = |X_{max} - X_{min}| = T_h + T_s$$

试描述间隙配合应用的范围。

（2）过盈配合

具有过盈的配合（包括过盈为零）称为过盈配合。当配合为过盈配合时，孔的公差带在轴的公差带下方，如图4-2所示。

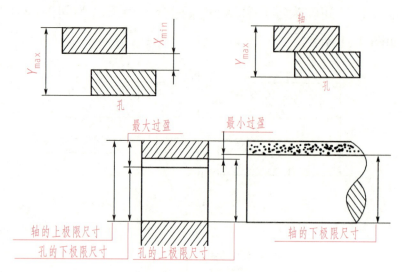

图 4-2 过盈配合

孔的上极限尺寸（或孔的上极限偏差）减去轴的下极限尺寸（或轴的下极限偏差）所得的代数差称为最小过盈，用"Y_{min}"表示。

$$Y_{min} = D_{max} - d_{min} = ES - ei$$

孔的下极限尺寸（或孔的下极限偏差）减去轴的上极限尺寸（或轴的上极限偏差）所得的代数差称为最大过盈，用"Y_{max}"。

$$Y_{max} = D_{min} - d_{max} = EI - es$$

配合公差是过盈的变动量，用"T_f"表示，它等于最大过盈与最小过盈差的绝对值，也等于孔的公差与轴的公差之和，公式表示为

$$T_f = |Y_{max} - Y_{min}| = T_h + T_s$$

试描述过盈配合应用的范围。

（3）过渡配合

既可能有间隙又可能有过盈的配合称为过渡配合。当配合为过渡配合时，孔的公差带和轴的公差带相互交叉，如图4-3所示。

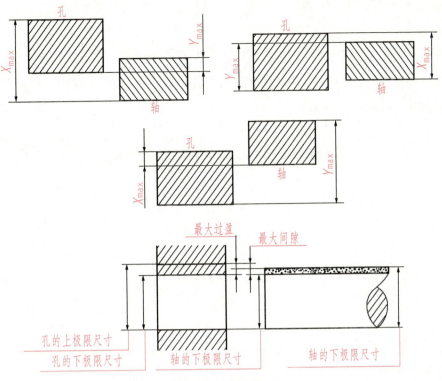

图 4-3 过渡配合

孔的上极限尺寸（或孔的上极限偏差）减去轴的下极限尺寸（或轴的下极限偏差）所得的代数差称为最大间隙，用"X_{max}"表示。

$$X_{max} = D_{max} - d_{min} = ES - ei$$

孔的下极限尺寸（或孔的下极限偏差）减去轴的上极限尺寸（或轴的上极限偏差）所得的代数差称为最大过盈，用"Y_{max}"表示。

$$Y_{max} = D_{min} - d_{max} = EI - es$$

配合公差是间隙的变动量，用"T_f"表示，它等于最大间隙与最大过盈差的绝对值，也等于孔的公差与轴的公差之和，可用公式表示为

$$T_f = |X_{max} - Y_{min}| = T_h + T_s$$

如何避免工件出现过渡配合？

3. 配合制度

（1）配合制

配合制也叫基准制，是相同极限制（把公差和基本偏差标准化的制度称为极限制）的孔和轴组成配合的一种制度。按照国家标准 GB/T 1800.1—2009 的规定分为基孔制和基轴制，如图 4-4 所示属于两种平行的配合制。

> **试描述国家标准的准确定义是什么。**

1）基孔制，又称为基孔制配合，是基本偏差一定的孔的公差带与不同基本偏差的轴的公差带形成各种配合的一种制度。对于此标准与配合制，孔的公差带在零线上方，孔的最小极限尺寸等于基本尺寸，孔的下偏差为零，孔称为基准孔，其代号为"H"，如图 4-4（a）所示。

2）基轴制，又称为基轴制配合，是基本偏差一定的轴的公差带与不同基本偏差的孔的公差带形成各种配合的一种制度。对于此标准与配合制，轴的公差带在零线下方，轴的最大极限尺寸等于基本尺寸，轴的上偏差 es 为零，轴称为基准轴，其代号为"h"，如图 4-4（b）所示。

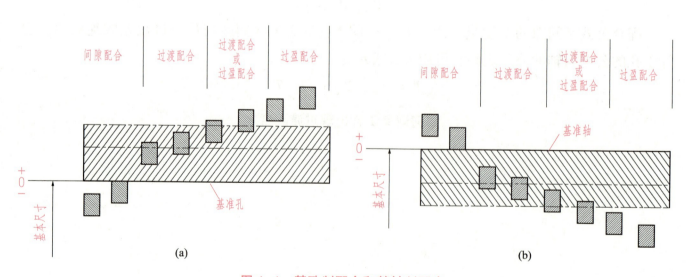

图 4-4　基孔制配合和基轴制配合

（a）基孔制；（b）基轴制

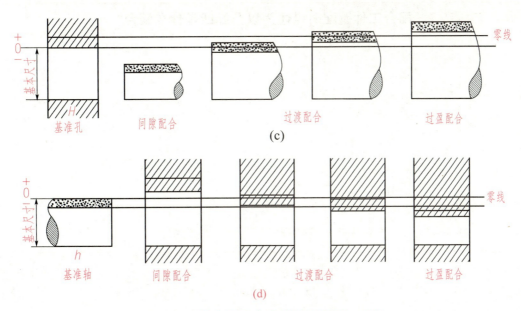

图 4-4 基孔制配合和基轴制配合（续）

（c）基准孔配合；（d）基准轴配合

基孔制和基轴制配合的应用如图 4-5 所示。

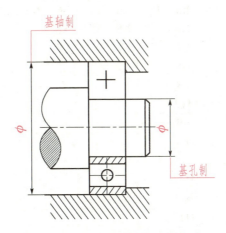

图 4-5 孔制配合和基轴制配合应用

（2）配合制度的选择

设计时，为了减少定值刀具、量具的规格和种类，一般优先选用基孔制。在某些情况下从经济合理方面考虑也选用基轴制。

以下列举选用基轴制的几种情况。

1）在农业机械、纺织机械、建筑机械中经常使用具有一定公差等级的冷拉钢材直接做轴，不需要再进行加工，这种情况下应该选用基轴制。基轴制的常用配合与优先配合见表 4-1 所示。

> 配合工件镶配时描述为以凸配凹是什么配合？

表 4-1 基轴制常用配合与优先配合

基准轴	孔																				
	A	B	C	D	E	F	G	H	JS	K	M	N	P	R	S	T	U	V	X	Y	Z
	间隙配合								过渡配合				过盈配合								
h5						$\frac{F6}{h5}$		$\frac{H6}{h5}$	$\frac{JS6}{h5}$	$\frac{K6}{h5}$	$\frac{M6}{h5}$	$\frac{N6}{h5}$	$\frac{P6}{h5}$	$\frac{R6}{h5}$	$\frac{S6}{h5}$	$\frac{T6}{h5}$					
h6						$\frac{F6}{h6}$	$\frac{\mathbf{G7}}{\mathbf{h6}}$	$\frac{\mathbf{H7}}{\mathbf{h6}}$	$\frac{JS7}{h6}$	$\frac{\mathbf{K7}}{\mathbf{h6}}$	$\frac{M7}{h6}$	$\frac{\mathbf{N7}}{\mathbf{h6}}$	$\frac{\mathbf{P7}}{\mathbf{h6}}$	$\frac{R7}{h6}$	$\frac{\mathbf{S7}}{\mathbf{h6}}$	$\frac{T7}{h6}$	$\frac{\mathbf{U7}}{\mathbf{h6}}$				
h7					$\frac{E8}{h7}$	$\frac{F8}{h7}$		$\frac{\mathbf{H8}}{\mathbf{h7}}$	$\frac{JS8}{h7}$	$\frac{K8}{h7}$	$\frac{M8}{h7}$	$\frac{N8}{h7}$									
h8				$\frac{D8}{h8}$	$\frac{E8}{h8}$	$\frac{F8}{h8}$		$\frac{H8}{h8}$													
h9				$\frac{\mathbf{D9}}{\mathbf{h9}}$	$\frac{E9}{h9}$	$\frac{F9}{h9}$		$\frac{\mathbf{H9}}{\mathbf{h9}}$													
h10				$\frac{D10}{h10}$				$\frac{H10}{h10}$													
h11	$\frac{A11}{h11}$	$\frac{B11}{h11}$	$\frac{\mathbf{C11}}{\mathbf{h11}}$	$\frac{D11}{h11}$				$\frac{\mathbf{H11}}{\mathbf{h11}}$													
h12		$\frac{B12}{h12}$						$\frac{H12}{h12}$													

注：①基本尺寸小于或等于 3 mm 的 H6/n5 与 H7/p6 为过渡配合，基本尺寸小于或等于 100 mm 的 H8/r7 为过渡配合。

②表中加粗部分为优先配合。

2）同一基本尺寸的轴上装配几个零件而且配合性质不同时，应该选用基轴制。比如，内燃机中活塞销与活塞孔和连杆套筒的配合，如图 4-6（a）所示，根据使用要求，活塞销与活塞孔的配合为过渡配合，活塞销与连杆套筒的配合为间隙配合。如果选用基孔制配合，三处配合分别为 H6/m5、H6/h5 和 H6/m5，公差带如图 4-6（b）所示；如果选用基轴制配合，三处配合分别为 M6/h5、H6/h5 和 M6/h5，公差带如图 4-6（c）所示。选用基孔制时，必须把轴做成台阶形式才能满足各部分的配合要求，而且不利于加工和装配；如果选用基轴制，就可把轴做成光轴，这样有利于加工和装配。

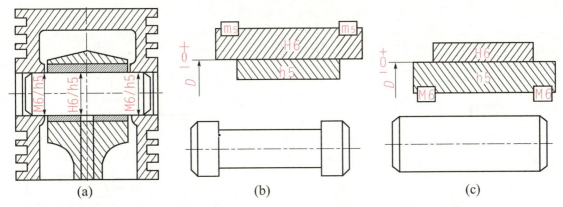

图 4-6 活塞销与活塞孔和连杆机构的配合及孔、轴公差带

(a) 活塞销与孔和连杆机构的配合；(b) 基孔制配合；(c) 基轴制配合

3）与标准件或标准部件配合的孔或轴，必须以标准件为基准件来选择配合制。比如，滚动轴承内圈和轴颈的配合必须采用基孔制，外圈和壳体的配合必须采用基轴制。此外，在一些经常拆卸和精度要求不高的特殊场合可以采用非基准制，比如滚动轴承端盖凸缘与箱体孔的配合，用来轴向定位的隔套与轴的配合，采用的都是非基准制，如图 4-7 所示。

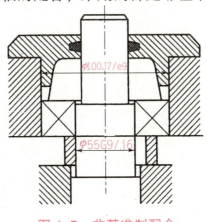

图 4-7 非基准制配合

二、几何公差

1. 几何公差的分类

按照国家标准规定的形状公差的特征项目可以分为形状公差和位置公差两大类，共 14 个，它们的名称和符号如表 4-2 所示。

2. 几何公差的定义

按照国家标准规定的形状公差的特征项目可以作以下描述。

1）直线度，所有点都在一条直线上的情况，公差由两条平行线形成的区域来指定。

表4-2 形状公差和位置公差分类

公差	特征项目	符号	有无基准	示例
形状	直线度	—	无	
	平面度	▱	无	
	圆度	○	无	
	圆柱度	⌭	无	
轮廓	线轮廓度	⌒	有或无	
	面轮廓度	⌒	有或无	

续表

公差	特征项目	符号	有无基准	示例
定向	平行度	∥	有	// 0.01 C
	垂直度	⊥	有	⊥ 0.08 A
	倾斜度	∠	有	∠ 0.1 A 75°
定位	位置度	⊕	有或无	⊕ 0.3 A B
	同轴（同心）度	◎	有	◎ 0.08 A-B
	对称度	⚌	有	⚌ 0.08 A

续表

公差	特征项目	符号	有无基准	示例
跳动	圆跳动	↗	有	0.1 A-B
	全跳动	↗↗	有	0.1 D

2）平面度，表面上所有的点都在一个平面上，公差由两个平行平面形成的区域来表示。

3）圆度，表面上所有点都在圆周上，公差由两个同心圆限制的区域来指定。

4）圆柱度，旋转表面上的所有点都与公共轴等距。圆柱公差制定了两个同心圆柱所形成的公差区域，此旋转表面必须在此区域中。

5）轮廓度，控制不规则的表面、线条、弧形或普通位面的定义公差方式。轮廓可适用于单个线条元件或者零件的整个表面。轮廓公差指定了沿着实际轮廓的唯一边界。

6）倾斜度，表面与轴处于指定角度的情况（与数据平面或轴的角度不是90°）。公差区域是由两个平行平面定义的，这两个平行平面与数据平面或轴成指定的基本角度。

7）垂直度，表面或轴与数据平面或轴成直角的情况。垂直公差指定了下列情况之一：由垂直于数据平面或轴的两个平面定义的区域，或者由垂直于数据轴的两个平行平面所定义的区域。

8）平行度，表面与轴上所有点与数据平面或轴等距的情况。平行度公差指定了下列情况之一：平行于数据平面或轴的两个平面或线定义的区域，或者其轴平行于数据轴的圆柱公差区域。

9）同轴度，旋转表面的所有交叉可组合元素的轴，是数据特征的公共轴。同心度公差指定了其轴与数据轴一致的圆柱公差区域。

10）位置度，位置度公差定义了允许其中心轴或者中心平面偏离真正（理论上正确）位置的区域。基本尺寸建立了数据特征和相互关联特征之间的真正位置。位置误差是特征与其正确位置间总的可允许的位置偏移量。对于孔和外部直径这样的圆柱特征来说，位置度公差通常是特征轴必须在其中的公差区域的直径。对于不是圆的特征（如槽和短小的突出物）来说，位置度公差是特征的中心平面必须在其中的公差区域的总宽度。

11）圆跳动，提供对表面圆形元素的控制。当零件旋转360°时，该公差独立应用在任何圆形的计量位置上，应用于数据轴周围所构造的圆跳动公差，控制了圆度和同轴度的累计变化。当应用在垂直于数据轴所构造的表面上时，其控制平面表面的圆形特征元素。

12）跳动，提供所有表面元素的复合控制。当零件旋转 360°时，此公差同时应用于圆形和长轴形；当应用于数据轴周围构造表面时，全跳动控制了圆度、圆柱度、直线度、同轴度、角度、锥度和轮廓的累计变异；当应用在垂直于数据轴构造的表面上时，其控制垂直度和直线度的累计变异。

分析形状公差与位置公差中定向和定位的区别。

分析圆跳动和跳动的区别。

三、表面粗糙度公差

1. 表面粗糙度符号的画法和意义

按照国家标准 GB/T 131—2006 规定，表面粗糙度代号是由规定的符号和有关参数组成的，表面粗糙度符号的画法和意义如表 4-3 所示。

表 4-3 表面粗糙度符号的画法和意义

序号	符号	意义
1	∨	基本符号，表示表面可用任何方法获得。当不加注表面粗糙度参数值或有关说明时，仅适用于简化代号标注
2	▽	表示表面是用去除材料的方法获得的，如车、铣、钻、磨等
3	⌀	表示表面是用不去除材料的方法获得的，如铸、锻、冲压、冷轧等
4	▽ ▽ ⌀ (加横线)	在上述三个符号的长边上可加一横线，用于标注有关参数或说明
5	▽ ▽ ⌀ (加小圆)	在上述三个符号的长边上可加一小圆，表示所有表面具有相同的表面粗糙度要求
6	(3.5, 60°, 7.5~8)	当参数值的数字或大写字母的高度为 2.5 mm 时，表面粗糙度符号的高度取 7.5~8 mm，三角形高度取 3.5 mm，三角形是等边三角形。当参数值不是 2.5 mm 时，表面粗糙度符号和三角形符号的高度也将发生变化

2. 表面粗糙度的选择

1）表面粗糙度的选择原则，既要考虑零件表面的功能要求，又要考虑经济性，还要考虑现有的加工设备。一般应遵循以下原则：

①同一零上工作表面比非工作表面的参数值要小。

②摩擦表面比非摩擦表面的参数值要小。有相对运动的工作表面，运动速度越高，其参数值越小。

③配合精度越高，参数值越小。间隙配合比过盈配合的参数值小。

④配合性质相同时，零件尺寸越小，参数值越小。

⑤要求密封、耐腐蚀或具有装饰性的表面，参数值要小。

2）表面粗糙度的选择不仅要考虑表面粗糙度的选择原则，还应考虑表面粗糙度 Ra 值的应用范围，如表 4-4 所示。

表 4-4 表面粗糙度 Ra 值的应用范围

粗糙度代号		光洁度代号	表面形状特征	加工方法	应用范围
Ⅰ	Ⅱ				
⌀	∽		除净毛刺	铸、锻、冲压、热轧、冷轧	用于保持原供应状况的表面
√Ra25	√Ra12.5	▽3	微见刀痕	粗车，刨，立铣，平铣，钻	毛坯粗加工后的表面

续表

粗糙度代号 I	粗糙度代号 II	光洁度代号	表面形状特征	加工方法	应用范围
$\sqrt{Ra12.5}$	$\sqrt{Ra6.3}$	▽4	可见加工痕迹	车，镗，刨，钻，平铣，立铣，锉，粗铰，磨，铣齿	比较精确的粗加工表面，如车端面、倒角
$\sqrt{Ra6.3}$	$\sqrt{Ra3.2}$	▽5	微见加工痕迹	车，镗，刨，铣，刮1~2点/cm²，拉，磨，锉，滚压，铣齿	不重要零件的非结合面，如轴、盖的端面，倒角；齿轮及皮带轮的侧面；平键及键槽的上下面；轴或孔的退刀槽
$\sqrt{Ra3.2}$	$\sqrt{Ra1.6}$	▽6	看不见加工痕迹	车，镗，刨，铣，铰，拉，磨，滚压，铣齿，刮1~2点/cm²	IT12级公差的零件的结合面，如盖板、套筒等与其他零件连接但不形成配合的表面，齿轮的非工作面，键与键槽的工作面，轴与毡圈的摩擦面
$\sqrt{Ra1.6}$	$\sqrt{Ra0.8}$	▽7	可辨加工痕迹的方向	车，镗，拉，磨，立铣，铰，滚压，刮3~10点/cm²	IT12~IT8级公差的零件的结合面，如皮带轮的工作面、普通精度齿轮的齿面、与低精度滚动轴承相配合的箱体孔
$\sqrt{Ra0.8}$	$\sqrt{Ra0.4}$	▽8	微辨加工痕迹的方向	铰，磨，镗，拉，滚压，刮3~10点/cm²	IT8~IT6级公差的零件的结合面；与齿轮、蜗轮、套筒等的配合面；与高精度滚动轴承相配合的轴颈；7级精度大小齿轮的工作面；滑动轴承轴瓦的工作面；7~8级精度蜗杆的齿面
$\sqrt{Ra0.4}$	$\sqrt{Ra0.4}$	▽9	不可辨加工痕迹的方向	砂轮磨，研磨，超级加工	IT5、IT6级公差的零件的结合面，与C级精度滚动轴承配合的轴颈；3、4、5级精度齿轮的工作面
$\sqrt{Ra0.2}$	$\sqrt{Ra0.1}$	▽10	暗光泽面	超级加工	仪器导轨表面；要求密封的液压传动的工作面；塞的外表面；气缸的内表面

注：①粗糙度代号Ⅰ为第一种过渡方式。它是取新国标中相应最靠近的下一挡的第1系列值，如原光洁度（旧国标）为▽5，Ra的最大允许值取6.3。因此，在不影响原表面粗糙要求的情况下，取该值有利于加工。

②粗糙度代号Ⅱ为第2种过渡方式。它是取新国标中相应最靠近的上一挡的第1系列值，如原光洁度为▽5（旧图标），Ra的最大允许值取3.2。因此，取该值提高了原表面粗糙度的要求和加工的成本。

> 钳工手工加工零件表面粗糙度能达到多少？

单元二　制作模板镶配件

通过前面钳工基础项目的练习，学生已经掌握钳工操作的基本技巧，因此，在本节以制作模板镶配件作为本阶段钳工理论和技能学习的提升练习。模板镶配件是工具钳工技能训练中的典型零件，也是各类技能大赛选取的主要比赛零件。模板镶配件装配图如图4-8所示，从装配图中我们看出，该零件主要由各种不同尺寸位置的直边、直角及各种锐角、钝角、平面、对称棱边等组合形成。完成项目需要的理论知识点和实操部分知识点全面，比较适合中级阶段学生技能知识学习。但是，这类零件几何公差与尺寸公差要求较高，加工中关联因素较多，手工操作难度较大，使用刀、量具与设备的方法和技巧较多，该如何进行这类零件的加工？工艺过程怎样安排？训练思路怎样拓展？我们在实施本阶段项目教学过程中按照技能大赛的情景开展项目教学，在学生练习过程中或在教学指导上，参考技能大赛相关要求，培养学生的实战能力，使之具有综合性技能水平和良好的技能素养。

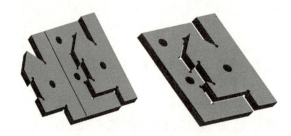

图4-8　模板镶配件装配图

本节实训项目的主要任务是制作工具钳工竞赛项目典型工件，通过本项目的学习，学生应达到以下目标。

1）能合理使用钳工、工量具和设备，懂得钳工精加工技术要领和工艺方法。

2）能根据图纸要求合理安排钳工操作的顺序，能进行工艺过程编制。

3）熟悉竞赛操作技术要求，开展安全文明竞赛。

4）提高学生精加工操作技术水平及打造精品的制造意识。

5）熟悉镶配件制作工艺。

6）掌握锉削尺寸精修技术。

7）掌握精密测量技术。

8）掌握切削刀具的使用和刃磨要求。

9）熟练使用钻床、砂轮机、攻丝机等钳工设备。

一、项目任务

模板镶配件的形状和尺寸如图 4-9 所示。件 1 和件 2 加工时为一体，加工后锯断为两件。工件镶嵌各面均为间隙配合。

模板镶配件的技术要求如下：

1）按图 4-10 所示尺寸加工好，经检验后，由检验员在锯槽处锯开成 1、2 两件。

2）件 1 与件 2 为间隙配合，全部结合面单边间隙不得大于 0.05 mm。

3）两件镶配后，中间两个 $\phi 8_0^{+0.015}$ mm 孔的孔距为 40 mm±0.05 mm。

4）各锉削面锐角倒圆为 R0.3 mm。

5）材料 45 钢，工时为 9 h。

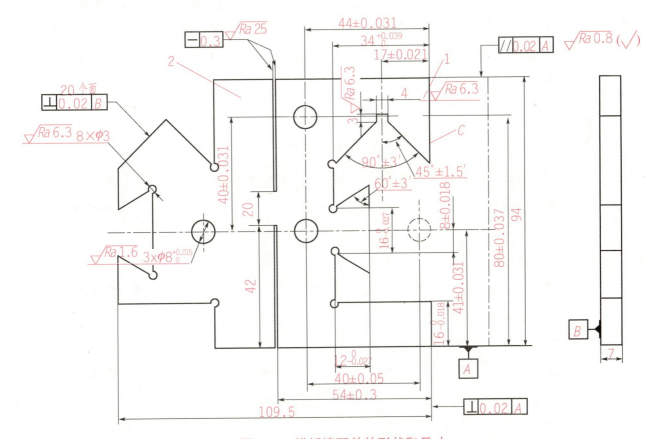

图 4-9　模板镶配件的形状和尺寸

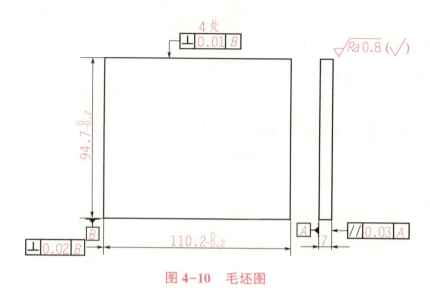

图 4-10 毛坯图

图 4-10 所示为该件毛坯图,尺寸为 110.2 mm×94.7 mm×7 mm 板料,全部经磨削加工,表面粗糙度值为 $Ra0.8\ \mu m$,材料为 45 钢。

二、项目实施

要完成模板镶配件的制作,首先就必须弄清楚图纸所表达的尺寸含义和加工要求,做好实施前的准备工作。教师需要从课件准备、组织教学、图纸工艺分析等方面落实实训材料,进行课程规划。同学们需要根据教师给出的项目内容和图纸工艺,独立思考列出完成本项目需要的知识技能和刀量具设备等,并写出工艺实施步骤,完成项目实施计划表(见表 4-5)和项目实施配套表(见表 4-6)。

1. 实施计划表

表 4-5 项目实施计划

序号	项目及内容	地点	课时/min	备注
1	课前准备			课余时间
2	组织教学		60	
3	图纸工艺分析	教室	240	
4	教师示范	车间	120	重点步骤演示
5	学生观摩	车间	120	
6	学生练习	车间	600	单项分步练习
7	姿势测试	车间	90	全体
8	课题总结		60	
9	课题分组	车间		5 人为一小组
10	机动时间		40	清扫卫生等

2. 项目实施配套

表 4-6 项目实施配套

班级		姓名		工位号		课时	
序号	实施问题	内容					
1	图纸分析及安全保障措施							
2	工艺规划及加工步骤拟制							
3	刀具的刃磨方法							
4	尺寸精度和几何精度控制							
5	孔加工和螺纹加工的方法							
6	超精加工的技术难点和操作要点							
7	总结拟定零件的加工工艺流程							
8	指导性意见与评价							

在本阶段教和学的过程中，我们强调师生互动、共同参与来完成项目目标，需要在实践中融入理论，用实践来复习和固化前面学到的知识，同时用掌握到的理论手段来提升实训效果和学生能力。注意在实际教学过程中重点针对"钻头刃磨"和"精密量具使用"等科目开展实训课程。

3. 根据图样进行分析

读懂图 4-9 所示零件图的形状、各尺寸和精度要求及表面粗糙度要求，结合"项目配套表"的分析，选择合适的毛坯、刀具、设备和加工工艺流程，制定合理的加工步骤。

4. 训练步骤

1）检查：按毛坯图，检查毛坯是否符合图样要求。

2）选择基准：尽量使划线基准、加工基准、测量基准与设计基准一致，故应选择图 4-9 所示的 A 面和 C 面为基准，并将 C 面对 A 面的垂直误差控制在 0.01 mm 内。

3）锉削与 A 面和 C 面相对的两平面：锉削至尺寸 $109.5^{+0.4}_{0}$ mm 与 $94^{+0.4}_{0}$ mm 两面的平面度误差和对基面的平行度误差、垂直度误差均应达到图样要求。若在加工过程中须将上述两面作为辅助基准，则其尺寸应尽量加工至小数点后一位为偶数，如 109.6 mm、94.2 mm，同时其几何公差也要减少一半，即垂直度和平行度误差均为 0.01 mm。

4）划线：划线前应先分析工艺计算参考图，如图 4-11 所示。找出该图的基准面，应符合图样上的设计基准，测量 60°燕尾形面时，用两根 φ10 mm 量棒进行。在加工和测量件 1 上 90°V 形槽和件 2 上 90°凸面时，以 60°燕尾形面作为辅助基准。划线时即按图中已计算出的尺寸进行，最好能在双面划线，以便于加工时检查，划线后在各孔和沉割孔中心处打样冲孔。

5）钻 8×φ3 mm 和 3×φ$8^{+0.015}_{0}$ mm 孔。φ3 mm 孔的要求较低，可采用直接钻孔的方法；φ8 mm 孔的尺寸精度、位置度要求较高，表面粗糙度较小，应按钻、铰的顺序边钻孔边测量的方法进行加工。为了保证三孔的质量符合图样要求，应先钻件 1 中间孔，然后再确定其余两孔的位置。在保证图样上两处 40 mm±0.031 mm 及装配后孔距 40 mm±0.05 mm 的同时，应兼顾尺寸 8 mm±0.018 mm 与尺寸 40 mm±0.031 mm 的关系。

6）去除余料：用钻排孔与锯削的方法去除件 1 和件 2 的余料。但件 2 应保留左下方矩形作为加工燕尾形槽时的测量基准，并进行粗锉削加工，留 0.2 mm 左右作为精加工余量。操作中应注意方法要恰当，以锯削为主、排孔为辅，避免因加工方法不当而使工件产生变形。

用锯削和锉削方法将 90°V 形槽 3 mm×4 mm 沉割部分加工成形。粗加工后，应进行工件外形检查，其主要内容有：两基准面的平行度误差、垂直度误差；两非基准面对基准面的平行度误差和垂直度误差；各面对平面 B 的垂直度误差。

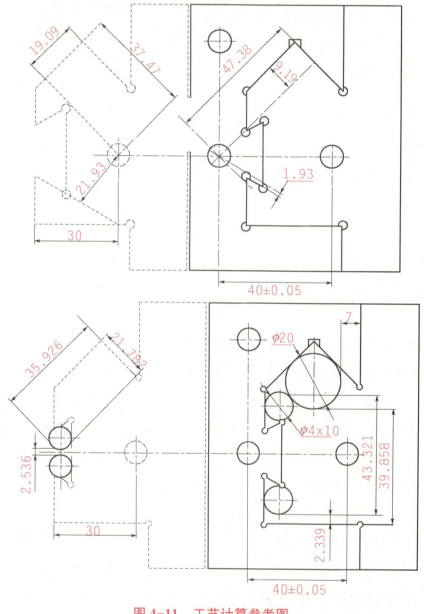

图 4-11 工艺计算参考图

7）精加工件 1：其顺序依次为尺寸 $16_{-0.018}^{0}$ mm；尺寸 $34_{0}^{+0.039}$ mm；45°±1.5′；90°±3′；尺寸 80 mm±0.037 mm；尺寸 17 mm±0.021 mm；尺寸 $12_{-0.027}^{0}$ mm；尺寸 $16_{-0.027}^{0}$ mm。两处 60°±3′

保证尺寸 40 mm±0.031 mm。加工中要视其部位的形状和特征以及精度要求,正确选择工具和量具,锉刀的形状、大小和锉纹号要合理选用。锉内腔时为防止损伤已加工面,可适当选用修边锉。各尺寸的测量基准应力求统一。如在加工尺寸 $16_{-0.018}^{\ 0}$ mm 和尺寸 $34_{\ 0}^{+0.039}$ mm 时,应以基准面 A 和 C 作为测量基准,用千分尺和深度千分尺进行测量。测量点应不少于 5 点,且全程均布,方能保证尺寸公差的要求。由于工件上有些尺寸不能直接测量,只能进行间接测量,这时应考虑提高有关尺寸的精度,如燕尾小端尺寸 $16_{-0.027}^{\ 0}$ mm 不能用量具直接测量,只能以距 C 面深度尺寸为 $34_{\ 0}^{+0.039}$ mm 的面为辅助基准,借助 φ10 mm 量棒和组合成尺寸为 61.66 mm 的量块用杠杆式百分表进行间接比较测量。这时尺寸 34 mm 的大小和该平面形状误差都会影响测量的精确度。所以凡是用作辅助基准的面必须加工 90°V 形槽时,要注意工件上 45°±1.5′、90°±3′、17 mm±0.021 mm、80 mm±0.037 mm 四个尺寸间的相互关系。加工时每一个尺寸或角度都是变动量,某一个量的变动都会给其他尺寸带来误差,所以 V 形槽的两面要同时进行加工,不能等 45°±3′的面全部加工后再去加工 90°±3′的面。在使用正弦规、杠杆式百分表对角度进行测量的同时,还要用 φ20 mm 量棒、量块组合和杠杆式百分表对工艺计算参考图中的计算尺寸55.858 mm(39.858+16)和尺寸 7 mm 进行测量。对四个值的测量结果与四个基本尺寸进行比较和分析,判断出哪一个面还有加工余量,才能继续加工,直至两个角度值误差在公差范围内,尺寸 53.858 mm 和尺寸 7 mm 也符合要求,才算加工完这两个面。

加工时,各面还应留出 0.005～0.01 mm 的研磨余量,用油石研磨各表面使表面粗糙度值在 Ra0.8 μm 内。

8)精加工件 2。加工顺序为:先加工燕尾形面,后加工 90°右侧面,再加工 90°左侧面,最后加工右下方矩形处两面。加工燕尾形下侧面时,基准面 A 是完整的,用 φ10 mm 量棒和组合成 38.232 mm(40-2.536÷2)的量块以及杠杆式百分表进行比较测量。同时用正弦规和杠杆式百分表测量 60°±3′角度,逐步进行修正。加工燕尾形上侧面时,因下侧面已加工好,可在测量 60°±3′角度的同时,用两根 φ10 mm 量棒和组合成 2.536 mm 的量块进行测量,以保证燕尾形面与中间两个 φ8 mm 孔中心连线的对称度误差和燕尾形面的尺寸精度。加工 90°凸面的两面时,以 A 面为基准,用正弦规和杠杆式百分表测量 45°±1.5′角,同时以燕尾形侧面为辅助基准。将 φ10 mm 量棒与分别组合成 21.782 mm 和 35.926 mm 的量块用杠杆式百分表比较测量。

加工时要注意件 2 的各尺寸,应以件 1 对应部位的实测尺寸而定。为了满足单向配合间隙不大于 0.05 mm 的要求,在尺寸 21.782 mm 和 35.926 mm 都要减去间隙正弦值的一半,即 0.018 mm,才能保证配合的要求。

最后按划线锯削去除左下方矩形块,两面经粗、精锉至配合尺寸。件 2 各面也应留有 0.005～0.01 mm 的研磨余量,用油石进行研磨。

9)锐角倒圆:各锉削面锐角倒圆 R0.3 mm。

10)检查:全面进行自检,确认合格后,锯削两条缝,锯条距 C 面 54 mm±0.3 mm,锯缝深 42 mm 及 40 mm 中间留 12 mm 应符合要求。

5. 技术关键点控制

1）检验尺寸 $3×\phi 8^{+0.015}_{0}$ mm：用 ϕ8H7 塞规或内侧千分尺检查。用内测千分尺测量时要校正零位，并在相互垂直的两个方向各测量孔一次。根据测量结果和被测孔的公差要求，判断被测孔是否合格。

2）检查角度。

①检查 60°±3′时，根据模板燕尾形角用正弦规和杠杆式百分表进行测量，如图 4-12 所示。量块高度 H 按下式计算：

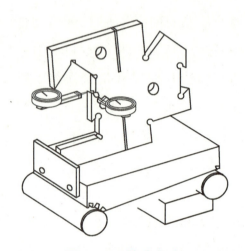

图 4-12 检查角度

$$H = L\sin(90°-\alpha)$$

式中，L——正弦规两圆柱轴心线间的距离，单位 mm。

若正弦规的 L 值为 100 mm，则

$$H = 100 \text{ mm} \times \sin(90°-60°)$$
$$= 100 \text{ mm} \times \sin 30°$$
$$= 100 \text{ mm} \times 0.5 = 50 \text{ mm}$$

测量时，将正弦规放在平板上，一端垫入经计算后组合好的量块。模板的基准面 A 置于正弦规的平台工作面上，基准面 C 与正弦规的侧挡板保持接触。左手扶住模板防止产生倾斜，右手用杠杆式百分表进行测量。测量点应距被测面边缘 1 mm 处，在 a 点和 b 点各重复测量三次，测出 a、b 两点的高度差 β，并测出 a、b 两点间的距离 L。模板的被测角偏差 Δα 按下式计算

$$\Delta\alpha = (\beta/L) \times 2 \times 10^5$$

在不改变测量状况下，把模板翻转 180°，测量出模板的另一被测角误差。

②检查 45°±1.5′和 90°±3′时，按被测 45°角计算出量块高度，并按该尺寸组合好量块，垫入正弦规下。按上述方法测出 45°角误差 $\Delta\alpha_1$，在仍不改变测量状况下模板翻转 180°测量出模板的另一被测角 $\Delta\alpha_2$。

根据被测 45°角误差 $\Delta\alpha_1$ 和另一被测 45°角误差 $\Delta\alpha_2$，可以得到被测 90°角的误差 $\Delta\alpha_3$。

$$\Delta\alpha_3 = \Delta\alpha_1 + \Delta\alpha_2$$

3）检查尺寸 $16_{-0.018}^{\ 0}$ mm 时将模板的基准面 A 置于平板上，用左手扶持以防倾斜。用杠杆式百分表对组合成 16 mm 的量块和模板进行比较测量，如图 4-13 所示，两者之差即为该尺寸的误差。

4）检查燕尾尺寸 $16_{-0.027}^{\ 0}$ mm 时由于燕尾底宽尺寸不能直接测量，只能用两根 φ10 mm 量棒放在槽内，测量两圆柱间距离，与工艺计算参考图中尺寸 43.321 mm 作比较，其误差即相当于槽底宽尺寸 $16_{-0.027}^{\ 0}$ mm 的实际误差。

测量时，把两根 φ10 mm 量棒置于槽内，在下面量棒与平面间塞入适当宽度的量块（计算厚度尺寸为 2.339 mm），使量棒与燕尾面接触。将模板的基准面 A 置于平板上，用左手扶持、右手用杠杆式百分表分别测量上、下量棒的上素线至平板测量面间的距离，并分别与组合尺寸为 61.660 mm（43.321+2.339+16）和 28.339 mm（10+2.339+16）的量块作比较测量，如图 4-14 所示。将百分表两次测量的示值相加（百分表指针指示方向相反）或相减（百分表指针方法相同），即可求得燕尾底宽度的误差。

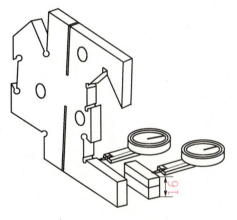

图 4-13 对组合成 16 mm 的量块和模板进行比较测量

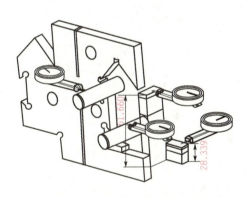

图 4-14 与两种尺寸的组合量块进行比较测量

5）检查尺寸 40 mm±0.031 mm（两处）。

①检查中间 φ8 mm 孔中心线至基准面 A 的距离。在模板中间 φ8 mm 孔中装入一测试棒，使其和孔的配合间隙为最小。测量时，将模板的基准面 A 和组合尺寸为 44 mm（40+8÷2）的量块置于平板上，用杠杆式百分表分别测量量棒的上素线和量块，百分表的读数差即为该尺寸的实际偏差。

②检查两 φ8 mm 孔之间的中心距。测量时，在模板两 φ8 mm 孔中都装入测量棒，用杠杆千分表测得两测量棒之间的距离，再减去测量棒的直径，即为两 φ8 mm 孔之间的中心距。也可以用上述方法，将模板放在平板上，用百分表测量两量棒的上素线，分别与两组量块比较测量，求得两孔间的中心距。

6）检查中间 φ8 mm 孔中心线至燕尾底部尖端的距离 8 mm±0.018 mm。在件 2 中间 φ8 mm 孔中装入测量棒，再在燕尾面下装 φ10 mm 量棒，并塞入适当厚度的量块（计算厚度尺寸为 2.339 mm），使量棒与燕尾面接触，如图 4-15 所示。用杠杆式百分表和量块测出尺寸 H_1 和 H_2，根据 H_1 可算出 φ8 mm 孔至 A 面的距离 A_1：

$$A_1 = H_1 - \frac{d_1}{2} = H_1 - 4$$

根据 H_2 可算出燕尾下底部尖端至 A 面的距离 A_2（见图 4-16）

$$A_2 = H_2 - \frac{d_1}{2} + \frac{d_2}{2} \times \frac{\cot 60°}{2} = H_2 - 5 + 5\cot 30°$$

将 A_1 减去 A_2 即为 φ8 mm 孔中心线至燕尾底部尖端的实际尺寸，可检查该尺寸是否在 8 mm±0.018 mm 范围内。

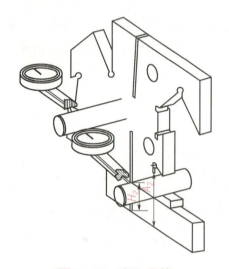

图 4-15 塞入量块

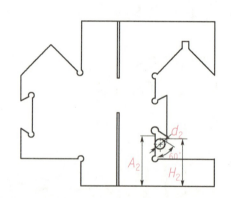

图 4-16 燕尾下底部尖端至 A 面示意图

7）检查位置误差。

① 对 A 面的平行度误差是 0.02 mm，将 A 面放置在平板上，侧面紧密在方箱上，用杠杆百分表在整个被测表面上测量，百分表指针的最大读数与最小读数之差即为平行度误差。

② 对 A 面的垂直度误差是 0.02 mm，在平板上用 0 级 90°角尺以比较法进行测量。

③ 对 B 面的垂直度误差是 0.02 mm（20 处），将 B 面放置在平板上，用 0 级 90°角尺以比较法进行测量。

8）检查 V 形槽底至 A 面间的距离 80 mm±0.037 mm。将 φ20 mm 测量棒放在 V 形槽中，并在量棒与平面间塞入适当高度的量块（按工艺计算参考图中计算尺寸为 39.858 mm），使棒与 V 形槽面接触。再将模板 A 面安置在平板上，用杠杆式百分表对量块和量棒的上素线进行比较测量，如图 4-17 所示，量块的尺寸可按下式计算：

$$H = 80 - \frac{d}{2}\left(\sec\frac{\alpha}{2} + \frac{d}{2}\right)$$

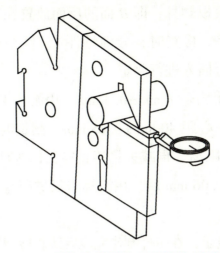

图 4-17 量块和量棒的上素线比较测量

$$= 80 - \frac{d}{2}\left(\sec\frac{\alpha}{2} - 1\right)$$

$$= 80 - 10(\sec 45° - 1)$$

百分表对量块和量棒两次测量之差,即为该尺寸的误差。

9) 检查凹槽内平面对基准面 C 之间的距离 $34_{0}^{+0.039}$ mm,可用深度千分尺以 C 面为基准直接测量出凹槽深度来检查。

10) 检查 V 形槽底至 C 面距离 17 mm±0.021 mm,仍将 ϕ20 mm 量棒和量块装在 V 形槽,将基准面 C 安置于平板上,再用杠杆式百分表对量棒和尺寸为 H 的量块进行测量。量块尺寸 H 用下式计算

$$H = 17 + \frac{d}{2} = 17 + 10 = 27 \text{（mm）}$$

百分表对量块和量棒两次测量之差,即为该尺寸的误差。

11) 检查燕尾顶面至槽底平面之间的距离 $12_{-0.027}^{0}$ mm。可用深度千分尺以燕尾顶面为基准,直接测量至槽底平面的尺寸来检查。

12) 检查 ϕ8 mm 孔中心至 C 面间的距离 44 mm±0.031 mm。将 ϕ8 mm 量棒装入孔中,用杠杆式百分表对量块进行校对,量块尺寸 H 可按下式计算

$$H = 44 + \frac{d}{2} = 44 + 4 = 48 \text{（mm）}$$

13) 检查各未注公差尺寸 109.5 mm、9 mm、3 mm、4 mm、8×ϕ3 mm、R0.3 mm、42 mm、12mm,除 R0.3 mm 用目测外,其余尺寸均用游标卡尺进行测量。

14) 检查各处表面粗糙度时,用表面粗糙度样板目测比较进行检查。

15) 检查配合间隙时,由检验员在锯槽处锯开成 1、2 两件,用锉刀将锯开处锉平。将件 1 的 B 面放置在平板上,用双手将件 2 插入,插入时用力均匀且不可偏斜。在插入过程中不能用工具敲击或夹紧,否则按不能插入处理。插入后,用 0.05 mm 塞尺检查配合间隙要求,其

插入深度不能超过 2 mm，再将模板翻身，即 B 面的反面放置在平板上，用同样方法进行检查。

16）检查锯开面直线度误差。检查时，分别将件 1、件 2 锯开的表面放置在平板上，用 0.3 mm 塞尺进行测量，根据能否插入进行测定。

17）检查件 1 锯开面至 C 面距离 54 mm±0.3 mm。用游标卡尺进行测量。

18）检查镶嵌后 φ8 mm 孔中心距 40 mm±0.05 mm。测量时用 φ8 mm 量棒插入三个孔中，用游标卡尺测量两根量棒之间的距离，再减去量棒直径，即为两孔中心距。件 1 上另一孔与件 2 孔中心距可换算为 56.57 mm±0.06 mm 后，用游标卡尺进行检查。

6. 质量检查与评分

根据表 4-7 所示加工的技术要求，在工件制作完成后认真检测填写表 4-7（由教师配分）。

表 4-7　制作模板镶配件评分

项次	项目与技术要求	实测记录	单次配分	得分
1	外形尺寸要求 109.5 mm、94 mm			
2	孔系 φ8 尺寸要求 40 mm、41 mm、80 mm、44 mm			
3	锯割、锉削直线度及相关尺寸 54 mm、42 mm、20 mm			
4	外直角垂直度及相关尺寸配合			
5	内直角垂直度及相关尺寸 12 mm、17 mm、34 mm、16 mm			
6	测量面表面粗糙度 Ra			
7	配合表面表面粗糙度 Ra			
8	安全文明生产			
总分				

三、项目实施清单

通过本阶段的学习，同学们了解到了"模板镶配件的制作工艺"和"精密加工"的技能和技巧，掌握了完成该类工件的精密测量技术，以及精密的尺寸和几何公差的控制措施。接下来，再对学习到的技能过程进行复习总结，并完成下列各表。

1）各小组认真按照项目要求，合作完成加工工艺卡片表，如表 4-8 所示。

表 4-8　加工工艺卡片

工序号	工序内容	使用设备	工艺参数	工、夹、量具

续表

工序号	工序内容	使用设备	工艺参数	工、夹、量具

2）各小组认真按照项目要求，合作完成工件镶配的加工范围和特点卡片表，如表4-9所示。

表4-9　工件镶配的加工范围和特点卡片

项目	两件镶配	多件镶配
运用范围		
加工特点		
工具使用		
安全生产		

3）各小组认真按照项目要求，合作完成百分尺与百分表的测量范围和结构特点卡片表，如表4-10所示。

表4-10　百分尺和百分表的测量范围和结构特点卡片

项目	百分尺	百分表
测量范围		
结构特点		
量具保养		
安全生产		

4）各小组认真按照项目要求，合作完成任务执行中的问题解决卡片表，如表4-11所示。

表 4-11 任务执行中的问题解决卡片

序号	问题现象	解决方案
1		
2		
3		
4		
5		

5）各小组认真按照项目要求，合作完成任务实施中的执行 6S 情况检查卡片表，如表 4-12 所示。

表 4-12 执行 6S 情况检查卡片

6S	第一组	第二组	第三组	第四组
整理				
整顿				
清扫				
清洁				
素养				
安全				
总评				

四、项目检查与评价

工件制作完成后，实施该项目检查与评估，严格以完成项目工作的质量好坏作为唯一评价标准，分别由实训指导老师和学生根据教学过程中的"学和练"进行双向评价。

1）任务执行中教师评价表如表 4-13 所示。

表 4-13 任务执行中教师评价

分组序号	评价项目	评价内容
1		
2		
3		
4		
5		
6		
7		

2)任务执行中学生评价表如表4-14所示。

表4-14 学生评价

序号	检查的项目	分值	自我测评		小组测评		教师签评	
			结果	得分	结果	得分	结果	得分
1								
2								
3								
4								
5								
6								
7								
8								

五、知识点回顾

通过本项目的准备、实施、检查、评估等全过程的项目执行内容，同学们学习了钳工操作的技能方法，接下来我们再对前面所学习到的知识点进行回顾，请同学们认真填写表4-15。

表4-15 阶段学习知识点回顾

	问题	回答
配合公差	1. 配合的定义是什么	
	2. 配合有哪些基本术语	
	3. 什么是间隙配合？应用在哪些场合	
	4. 什么是过盈配合？应用在哪些场合	
	5. 什么是过渡配合？应用在哪些场合	
	6. 什么是配合制	
	7. 什么是基孔制？应用在哪些场合	
	8. 什么是基轴制？应用在哪些场合	
形状公差和位置公差	1. 形状公差的特征项目有哪些？怎么表述	
	2. 轮廓公差的特征项目有哪些？怎么表述	
	3. 定向公差的特征项目有哪些？怎么表述	
	4. 定位公差的特征项目有哪些？怎么表述	
	5. 跳动公差的特征项目有哪些？怎么表述	
	6. 什么是同轴度	
	7. 什么是对称度	

续表

问题		回答
形状公差和位置公差	8. 什么是直线度	
	9. 什么是平行度	
	10. 什么是圆跳动	
	11. 什么是倾斜度	
	12. 什么是全跳动	
表面粗糙度	1. 表面粗糙度的选择原则是什么	
	2. 表面粗糙度的画法有哪些	
	3. 表面粗糙度值的范围有哪些	
	4. 表面粗糙度不同画法代表的意义	
	5. 表面粗糙度与光洁度的对比	

单元三 知识巩固练习

本节主要侧重于综合性较高的，也是各类技能大赛竞赛类工件的学习，非常有针对性，就以往技能大赛选择竞赛工件来看，各类镶配件虽然有各种不同的变化，但就本质而言，还是离不开"镶配"二字。因此，通过收集整理一些典型的技能大赛比赛项目工件作为本阶段学生固化理论和技能学习的练习工件，帮助学生全面掌握该阶段的学习内容，并输出为学生的实际操作行为，让学生在知识学习与实际工件加工过程中掌握本单元的知识和技术要领。

一、制作圆弧角度镶配件

通过制作圆弧角度镶配件的训练，应达到以下学习目标。
1）巩固锉削和锯割的操作技术。
2）掌握钻孔和铰孔技术。
3）掌握镶配件的配置加工工艺和操作方法。

1. 使用的刀具、量具和辅助工具

制作圆弧角度镶配件需要用到的刀具、量具和辅助工具有刀口形直尺、万能角度尺、千分尺、高度游标卡尺、90°角尺、钻头、整形锉刀、锯弓、锯条、铰刀、铰杠、异形锉、钳工锉、榔头等。

2. 工件制作步骤

（1）制作圆弧角度镶配件的技术要求

圆弧角度镶配件的形状和尺寸，如图4-18所示。件1为大字形凸块，其厚度为10 mm的两

平面已磨平，表面粗糙度值为 $Ra1.6\ \mu m$，不需要再进行加工。毛坯尺寸为边长 51 mm 的方块，其材料为 Q235 钢材。件 2 为大字形凹块，厚度为 8 mm 的两平面也已磨平，表面粗糙度值均为 $Ra1.6\ \mu m$。毛坯尺寸为 101 mm×91 mm 的圆块，其材料也为 Q235 钢材。

圆弧角度镶配件的技术要求为：

1) 件 1 镶嵌于件 2 内，为间隙配合而且能翻面互换，配合间隙应小于 0.05 mm。

2) 修光各处锐角及毛刺。

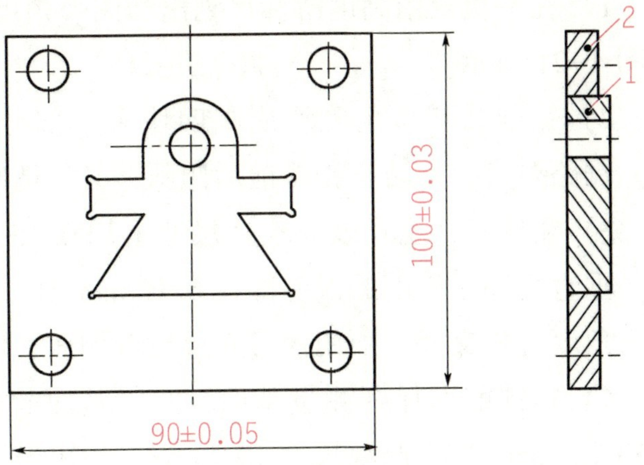

（2）制作凸圆弧角度块

凸圆弧角度块如图 4-19 所示应先制成，在制作凹圆弧角度板如图 4-20 所示时，可作为量规使用，检测两件配合各面处宽度和翻面互换要求。其制作步骤如下。

图 4-18 圆弧角度镶配件的形状尺寸

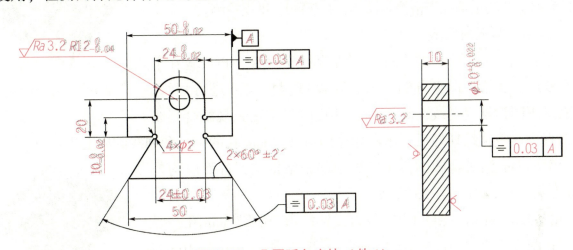

图 4-19 凸圆弧角度块（件 1）

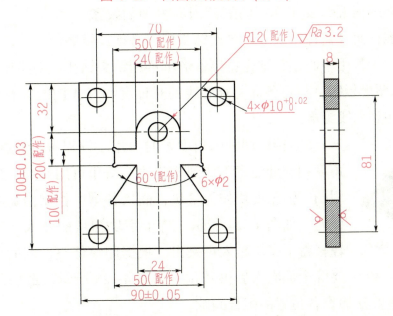

图 4-20 凹圆弧角度板（件 2）

1) 在平板上用高度游标尺划出凸圆弧角度块的轮廓线和中心线，并钻铰 φ10 mm 中心孔，如图 4-21 所示。

2) 锯削凸圆弧角度块周围四块多余部分，要求各面留 1 mm 余量。锯路要直，并防止锯条前后倾斜，必须清晰可见划线。

3) 粗锉各面至宽度要求（尺寸上加 0.15 mm），控制各面的平行度、垂直度和对称度的误差都在 0.10 mm 内。应注意在锉削两垂直面及两角度边相交处，须用锉刀光边对着侧面，以防止将侧面锉去。

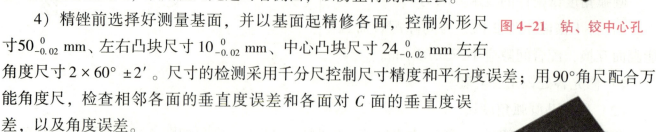

图 4-21 钻、铰中心孔

4) 精锉前选择好测量基面，并以基面起精修各面，控制外形尺寸 $50_{-0.02}^{\ 0}$ mm、左右凸块尺寸 $10_{-0.02}^{\ 0}$ mm、中心凸块尺寸 $24_{-0.02}^{\ 0}$ mm 左右角度尺寸 $2\times 60°\pm 2'$。尺寸的检测采用千分尺控制尺寸精度和平行度误差；用 90°角尺配合万能角度尺，检查相邻各面的垂直度误差和各面对 C 面的垂直度误差，以及角度误差。

5) 锉削圆弧顶面，控制宽度为 $24_{-0.02}^{\ 0}$ mm，圆弧长度方向尺寸必须以中心孔为加工和测量基准严格控制尺寸，圆弧面用 R 规检测。

（3）制作凹圆弧角度板

1) 先将坯料（如图 4-22 所示）锉削基面至垂直，再安置在平板上配合 90°角度靠铁保证坯料垂直，用高度游标尺寸进行划线。画圆弧面采用圆弧划规划线，画 2°～60°角度时采用正弦规配合划线或者用钢直尺连线，线划好后，用样冲冲出 4-φ10 mm 孔的中心和划线圆周上指示点。

图 4-22 锉削划线

2) 用 φ3 mm 钻头将凹圆弧角度板中部分钻排空，各面应均匀留 2 mm 左右余量，如图 4-23 所示。

3) 用 φ9.8 mm 钻头和 φ10H7 铰刀，钻铰 $4\times 10_{\ 0}^{+0.02}$ mm 孔，要保证达到孔距宽度方向 70 mm±0.10 mm、长度方向 81 mm±0.10 mm 的要求。首先划线必须精确，要用锋利的划针划出很细的线条；其次是样冲孔要冲得准，而且需冲得大些；再次钻头横刃必须经修磨，以提高它的定心精度。若用中心钻，则先钻出锥形坑再用钻头钻孔，则能显著提高孔距精度。

图 4-23 钻排空

4) 粗锉凹圆弧角度板时，注意各面与轴心线的对称度和对 A 面的垂直度误差，并控制各边尺寸，以目测不伤到划线为准。

图 4-24 精锉清角

5) 精锉凹圆弧角度板时，用小锉刀进行修锉，保持纹向一致，角度相交处注意不伤到相临边，清角可用修磨后的锉刀进行。同时用凸圆弧角度块作为量块，嵌入各槽中控制槽宽和轴心线的对称度误差，如图 4-24 所示。待十字块初步能嵌入十字槽内时，用铜棒轻轻将十字块敲入再敲出。根据印痕修整，同时要做转位镶嵌，不要等全部嵌入后再转位，如图 4-25 所示。最后凸圆弧角度块能转位全部嵌入后，用透光法检查各位置的配合间隙。

6）清理毛刺倒角时，将凸圆弧角度块和凹圆弧角度板清理毛刺倒角，同时将圆弧角度镶配件表面因镶嵌时引起的擦痕修光。

3. 技术关键点控制

1）划线时的工件找正应采用标准直角架或方箱，划线痕迹应清晰可见。

图 4-25 镶嵌

2）工件分割时锯路要直，虎钳夹持要使用垫片，排钻时应注意加工位置。

3）铰孔时注意铰孔余量的分配以及润滑液的合理运用，并始终保持铰刀垂直。

4. 质量检查及评分

工件制作完成后认真检测填写表 4-16 所示圆弧角度镶配件评分表（教师制定评分分值）。

表 4-16 制作圆弧角度镶配件评分

姓名		工件号		开工时间		结束时间			
序号	名称	检测项目	配分	评分标准	测量结果	扣分	得分	检测人	
1	件1	100 ± 0.03	4	超差不得分					
2		90 ± 0.05	4	超差不得分					
3		$\phi 10_{0}^{+0.022}$（四处）	4	每超差一处扣1分					
4		Ra 值	4	每降一级扣0.5分					
5		未注公差尺寸按 GB/T 1840—92 m 级	8	每超差一处扣0.5分					
6	件2	$50_{-0.02}^{0}$	4	超差不得分					
7		24 ± 0.03	4	超差不得分					
8		$24_{-0.02}^{0}$	4	超差不得分					
9		$R12_{-0.04}^{0}$	6	超差不得分					
10		$20_{-0.04}^{0}$	4	超差不得分					
11		$10_{-0.02}^{0}$（两处）	4	超差不得分					
12		$\phi 10_{0}^{+0.022}$	4	超差不得分					
13		$60°\pm 2'$（二处）	8	超差不得分					
14		= 0.03 A（三处）	12	超差不得分					
15		Ra 值	4	每降一级扣0.5分					
16		未注公差尺寸按 GB/T 1840—92 m 级	2	每超差一处扣0.5分					
17	组合	件1	10	每超差一处扣0.5分，每超差一半扣0.25分					
18		件2	10	每超差一处扣0.5分，每超差一半扣0.25分					
19	其他	违反安全文明生产的有关规定，酌情扣1~10分							
总分									

5. 填写项目实施清单

1) 各小组讨论加工步骤,填写加工工艺卡片表,如表4-17所示。

表4-17 加工工艺卡片表

工序号	工序内容	使用设备	工艺参数	工、夹、量具

2) 各小组讨论加工步骤,填写加工范围和特点卡片表,如表4-18所示。

表4-18 加工范围和特点卡片

项目	排钻	錾削
运用范围		
加工特点		
工具使用		
安全生产		

3) 各小组讨论加工步骤,填写任务执行中的问题解决卡片表,如表4-19所示。

表4-19 任务执行中的问题解决

序号	问题现象	解决方案
1		
2		

续表

序号	问题现象	解决方案
3		
4		
5		
6		
7		
8		

4）完成学生自我评价表，如表 4-20 所示。

表 4-20　学生自我评价

序号	检查的项目	分值	自我测评		小组测评		教师签评	
			结果	得分	结果	得分	结果	得分
1								
2								
3								
4								
5								
6								

二、制作三角组合体

通过三角组合体的训练，应达到以下学习目标。

1）掌握三角组合体镶配件制作技术。

2）掌握镶配件盲配制作技术。

3）巩固提高钻孔、锉削、测量、铰孔、划线、配合等技能和技巧。

4）提高镶配件工艺编制和质量控制的综合素养。

5）通过三角形组合体练习提升生产工艺的编制能力。

6）做到安全文明生产。

1. 使用的刀具、量具和辅助工具

制作图示三角组合体所用的刀具、量具和辅助工具：钻头、游标卡尺、千分尺、百分表、V 形架、万能角度尺、宽座和刀口角尺、高度尺、台式钻床、整形锉、异形锉、钳工锉、榔头和样冲等。

2. 三角组合体的技术要求

（1）三角组合体的装配技术要求（如图 4-26、图 4-27 所示）

图 4-26 三角组合体

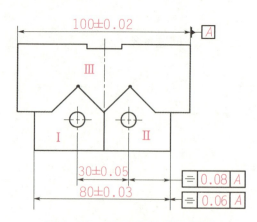

图 4-27 三角组合体的尺寸

装配时分别由三个零件组成，件Ⅰ、件Ⅱ是 V 形端面凸块，中间有 2-φ8H7 孔，两件镶配后孔距尺寸 30 mm±0.05 mm，组合宽度为 80 mm±0.03 mm 的配合主体，且件 1、件 2 可以互换位置，制作完成后，再装配入件Ⅲ"V 形凹块"中，实现图中三角组合体件Ⅰ、件Ⅱ、件Ⅲ转位镶配。

（2）三角组合体制作的工件材料要求

加工材料采用 45 钢调质处理后进行加工。毛坯的处理按照锯割后两面磨光（表面粗糙度 $Ra0.8\ \mu m$）保证材料厚度 8 mm，钳工加工时不做处理。工件其他加工表面粗糙度要求，按照国家标准 GB/T 131—2006 规定，表粗糙度等级为 IT12 级 $Ra3.2$（非配合面）~$Ra1.6$（配合面）执行。

（3）三角组合体制作的技术要求（如图 4-28 所示）

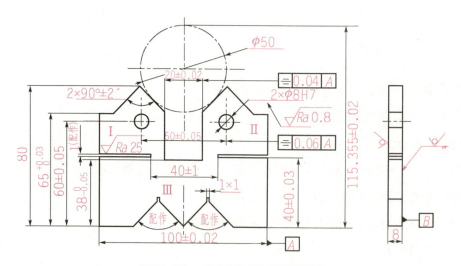

图 4-28 三角组合体零件图纸

1）件Ⅰ、件Ⅱ、件Ⅲ在零件图中表述为一个整件，在所有尺寸加工完成后再锯开镶配成镶配组件。

2）制作过程中应要求按零件图纸整体加工，各加工面的平行度允差≤0.02，对基面 B 的垂直度允差≤0.02 mm。

3）工件完成后应在孔口倒角 R0.5 mm，周边倒角 R0.3 mm。

3. 工件制作步骤

1) 检查坯料平行度、对称度，以及表面粗糙度，确认选择最好的一组基面进行修正，称为工件加工基准。

2) 划线时可用蓝油涂抹工件，并按图要求由基准起推划工件所有外形轮廓线及 $\phi 8H7$ 孔中心线和各尺寸间隙，在孔中心处冲样冲孔。

3) 在中心槽尺寸 20 mm±0.02 mm 处钻排孔，选用 $\phi 3$ 钻头；其他轮廓尺寸采用锯割工艺加工，锯条选用中齿，并各留 1.5 mm 后续加工余量。

4) 钻 $\phi 8H7$ 预孔 $\phi 5$。钻孔时应注意与长度方向的对称，不可钻偏，否则将影响各面的加工余量。

5) 粗锉工件所有外轮廓边，保证能目视划线，然后先进行工件分割线的锯割，保证尺寸 40 mm±1 mm 用游标卡尺、钢直尺控制尺寸和平行度误差。锯割后注意检查工件变形情况，并对变形进行校正至不影响下道工序为止。

6) 修锉 20 mm±0.02 mm 槽底面及两侧面，先锉槽底面到基准平面间尺寸为 $38_{-0.05}^{0}$ mm，注意平行度误差和侧面的垂直度误差。再锉两侧面至 20 mm±0.02 mm，用内测千分尺和尺寸为 20 mm 的量块控制其尺寸精度和两侧面的平行度误差，同时兼顾尺寸 100 mm±0.02 mm 的对称度。

7) 锉削 2×90°±2′直角凸台，用万能角度尺检测角度，用 $\phi 50$ 量棒配合游标卡尺检测相关尺寸，注意与锉削平面的平行度和垂直度误差。

8) 锉削尺寸 $65_{0}^{+0.03}$ mm 两小平面采用什锦锉推锉纹向，清角时注意与相邻边的角线，保持清晰。

9) 图中要求配做的两 90°槽按照推算尺寸直接作出，用万能角度尺控制角度，用两组 $\phi 10$ 的量棒配合千分尺、游标卡尺测量位置尺寸及对称度尺寸，保证装配要求。

10) 90°槽中 2-1 mm×1 mm 消气槽可直接锯出，注意锯路平直，去除毛刺。

11) 检查工件加工后是否存在变形情况，复测 $\phi 8H7$ 预孔尺寸是否稳定，并根据扩铰 $\phi 8H7$ 孔至图纸要求。

12) 整修工件并倒角清理毛刺，各外角处倒角 $C1$。结果如图 4-29 所示。

图 4-29 工件制作结果

4. 技术关键点控制

1) 划线时轮廓线必须清晰可见，并分别刻画正反面，在线的交线处冲样眼。

2) 锉削时应注意控制工件的垂直度和平整度，合理安排锉削余量。

3) 制作盲配件（工序中不进行镶配）时必须对所有相关要素严格按公差进行。

4) 加工过程中要注意安全生产，正确穿戴劳动防护用品。

5. 质量检查及评分

工件制作完成后认真检测填写如表 4-21 所示三角组合体制作评分表（教师制定评分分值）。

表 4-21　制作三角组合体评分表

姓名			考号		开工时间			
单位					停工时间			
类别	序号	检测项目	配分	评定标准	实测结果	扣分	得分	备注
三角组合体	1	100±0.02	2	超差不得分				
	2	20±0.02	3	超差不得分				
	3	90°±2′	2×2	超差一处扣 2 分				
	4	115.355±0.02	4	超差不得分				
	5	$65^{+0.03}_{0}$	2×2	1 处超差扣 2 分				
	6	$38^{0}_{-0.05}$	1	超差不得分				
	7	40±0.03	0.5×2	1 处超差扣 0.5 分				
	8	40±1	1	超差不得分				
	9	50±0.05	2	超差不分				
	10	60±0.05	2×2	1 处超差扣 2 分				
	11	⌖ 0.06 A	2	超差不得分				
	12	⌖ 0.04 A	2	超差不得分				
	13	平面度 14 处	0.3×14	1 处超差扣 0.3 分				
	14	垂直度 14 处	0.4×14	1 处超差扣 0.4 分				
	15	表面粗糙度 $Ra1.6$	0.3×14	1 处超差扣 0.3 分				
	16	表面粗糙度 $Ra0.8$	1×2	1 处超差扣 1 分				
	17	2×φ8H7	1×2	1 处超差扣 1 分				
装配	18	30±0.05	2×2	1 处超差扣 2 分				
	19	80±0.03	2	超差不得分				
	20	⌖ 0.08 A	2×2	1 处超差扣 2 分				
	21	⌖ 0.06 A	2×2	1 处超差扣 2 分				
	22	配合间隙 14 处	2×14	1 处超差扣 2 分				
其他	23	安全文明生产	10	违反安全文明生产的有关规定，酌情扣分				
核分人			总分		评审组长			
			总分					

6. 项目实施清单

1）各小组讨论加工步骤，填写加工工艺卡片表，如表 4-22 所示。

表 4-22 加工工艺卡片

工序号	工序内容	使用设备	工艺参数	工、夹、量具

2）各小组讨论加工步骤，填写加工范围和特点卡片表，如表 4-23 所示。

表 4-23 加工范围和特点卡片

项目	锯割	锉削	铰孔
运用范围			
加工特点			
工具使用			
安全生产			

3）各小组讨论加工步骤，填写任务执行中的问题解决卡片表，如表 4-24 所示。

表 4-24 任务执行中的问题解决卡片

序号	问题现象	解决方案
1		
2		
3		
4		
5		
6		
7		
8		

4）完成学生自我评价表，如表 4-25 所示。

表 4-25　学生自我评价

序号	检查的项目	分值	自我测评		小组测评		教师签评	
			结果	得分	结果	得分	结果	得分
1								
2								
3								
4								
5								
6								
7								
8								

三、制作双凸立配组合件

通过制作双凸立配组合件（见图 4-30 和图 4-31）的训练，应达到以下学习目标。
1）掌握双凸立配组合件制作技术。
2）巩固提高精孔钻孔质量和定位的技能技巧。
3）提高工件装配工艺编制和质量控制的综合素养。
4）做到安全文明生产。

图 4-30　双凸立配组合件（一）

图 4-31　双凸立配组合件（二）

1. 使用的刀具、量具和辅助工具

制作图示双凸立配组合件所用的刀具、量具和辅助工具：游标卡尺、千分尺、百分表、量棒、宽座和刀口角尺、块规、高度尺、台式钻床、整形锉、异形锉、钳工锉、钻头、丝锥、铰刀、铰杠、榔头和样冲等。

2. 双凸立配组合件的技术要求

双凸立配组合件零件图如图 4-32 所示，件 1、件 2 通过内六角螺钉与件 3 装配在一起，且装配在件 1、件 2 内的圆柱销可实现在件 1、件 2 孔内自由滑动，工件制作材料 45 钢经调质处理。

双凸立配组合件的技术要求如下。
1）用圆柱销装配。四件能同时装配，按评分标准配分，否则不能得到装配分。
2）装配时，件 3 标记如图示位置为准，其余 3 件可做翻转，件 1 还能做 120° 旋转，均能符合装配各项要求。

3)装配后,件1与件4、件2与件3配合间隙及换向配合间隙均不大于0.03。

4)倒角C0.3。

5)件1、件2、件3、件4均为45钢。

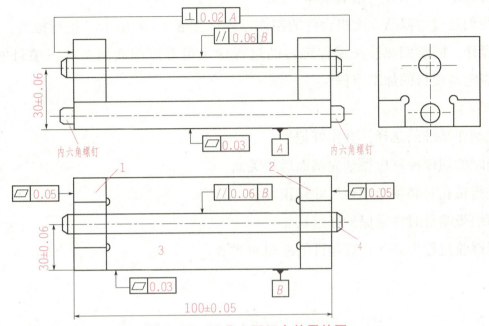

图4-32 双凸立配组合件零件图
1,2—凸块;3—底板;4—圆柱销

3. 工件制作步骤

此件装配前要求整体加工,如图4-33所示,加工后锯割成3件并组合成整件。所以在加

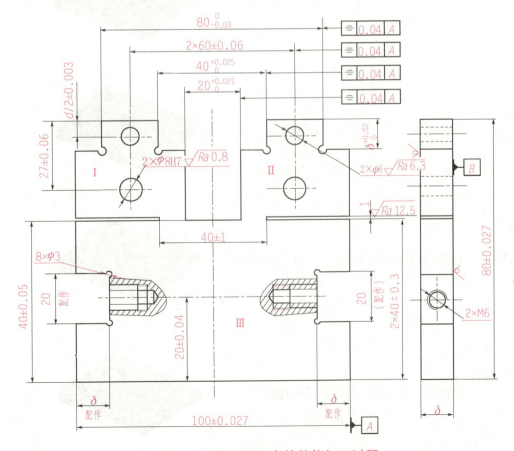

图4-33 双凸立配组合件整体加工过程

工时不仅要保证各单件尺寸精度和几何公差,而且要保证装配后的技术要求。为了保证工件锯割后不同方向的组合装配均符合要求,必须采用适当措施,按照涉及组装中各零件间的连接及相互制约关系,加工方案采取整体考虑。

接下来我们通过对双凸立配组合件的制作过程(如表4-26所示)进行梳理,确定按照以下流程进行操作。同学们在按照流程练习的过程中也可参照前面两个练习项目的工艺过程,重新规划和制定本项目的加工流程。

4. 注意事项

1) 注意制作基准的选择,并作好记号。
2) 锉削时的顺序控制应做到先基面后相关面。
3) 在进行钻孔时必须考虑到尺寸修正因素。
4) 使用块规测量时注意保护好量具。
5) 攻制螺纹过程中必须注意丝锥的冷却和润滑。

表 4-26 双凸立配组合件的制作过程

序号	加工步骤	具体加工内容	图示	备注
1	备料	备料45钢（101 mm×81× mm×8 mm）		
2	加工基准	加工基准边,并达到尺寸要求		
3	划线	按照尺寸要求双面划线,并打上冲点		
4	钻孔	钻削 $\phi 3$ 消气孔、中心孔以及排料孔		

续表

序号	加工步骤	具体加工内容	图示	备注
5	双凸加工	1）锯削尺寸 20 的凹模，并用錾子去掉余料。锉削 20 凹模并达到尺寸要求		用量块测量
		2）锯削凸块的右肩膀（注：保留基准边），并锉削至尺寸要求		
		3）锯削另一个肩膀，并锉削达到尺寸要求		
6	凹件加工	1）加工基准对面的配作凹模。锯削并錾去余料，然后锉削至尺寸要求		用量具检验
		2）加工基准边的配作凹模至尺寸要求		用量块测量
		3）钻削螺纹孔 $\phi 5$（孔口倒角）		
		4）攻 M6 螺纹（检验螺纹精度和深度）		

续表

序号	加工步骤	具体加工内容	图示	备注
7	锯割缝	注意尺寸（为避免影响其他尺寸以及工件变形，可以两边交替锯削）		
8	精修	锐边倒钝，用棉线将工件打理干净		
9	检验	全面测量检验工件，明确工件加工的不足之处，便于总结反思		

5. 质量检查及评分

制作双凸立配组合件评分见表4-27（教师制定评分分值）。

表4-27 制作双凸立配组合件评分表

序号	考核项目	考核内容	配分	评分标准	实测结果	扣分	得分
1	锉削	80 ± 0.027	1	超差无分			
2		100 ± 0.027	1	超差无分			
3		$20_{0}^{+0.021}$	2	超差无分			
4		$40_{0}^{+0.025}$	2	超差无分			
5		$80_{-0.03}^{0}$	2	超差无分			
6		= $\mid 0.04 \mid A$ （3处）	6	每处超差扣2分，扣完为止			
7		$\delta_{0}^{+0.02}$ （4处）	8	每处超差扣2分，扣完为止			
8		40 ± 0.05	0.5	超差无分			
9		$\Box \mid 0.02$ （22处）	5.5	每处超差扣0.25分，扣完为止			
10		$\perp \mid 0.02$ （22处）	5.5	每处超差扣0.25分，扣完为止			
11		$Ra1.6$ （22处）	5.5	每处超差扣0.25分，扣完为止			
12	钻孔	$\phi 8H7$ （2处）	4	每处超差扣2分，扣完为止			
13		60 ± 0.06 （2处）	2	每处超差扣1分，扣完为止			
14		27 ± 0.04 （2处）	2	每处超差扣1分，扣完为止			
15		= $\mid 0.1 \mid A$ （2处）	2	每处超差扣1分，扣完为止			
16		$d/2\pm0.03$ （2处）	2	每处超差扣1分，扣完为止			
17		$Ra6.3$ （2处）	0.5	每处超差扣0.25分，扣完为止			
18		$Ra0.8$ （2处）	2	每处超差扣1分，扣完为止			
19	攻螺纹	M6（攻丝深15 mm，2处）	3	每处超差扣1.5分，扣完为止			
20		20 ± 0.04 （2处）	2	每处超差扣1分，扣完为止			
21	锯割	40 ± 0.3 （2处）	1	每处超差扣0.5分，扣完为止			
22		$Ra12.5$ （2处）	0.5	每处超差扣0.25分，扣完为止			

续表

序号	考核项目	考核内容	配分	评分标准	实测结果	扣分	得分
23	装配	配合间隙≤0.03（40处）	20	每处超差扣0.5分，扣完为止			
24		100±0.05（4处）	2	每处超差扣0.5分，扣完为止			
25		27±0.06（4处）	2	每处超差扣0.5分，扣完为止			
26		∥ 0.06 B （8处）	4	每处超差扣0.5分，扣完为止			
27		▱ 0.03 （16处）	8	每处超差扣0.5分，扣完为止			
28		⊥ 0.02 A （8处）	4	每处超差扣0.5分，扣完为止			
29	安全文明生产要求	1. 达到有关规定的标准 2. 工作场地整洁；工、量具摆放合理		1. 按违反规定程度从选手该题总分中酌情扣1~5分； 2. 按不整洁和不合理程度从选手该题总分中酌情扣1~5分			
30	时间定额	300 min		超时停止操作			

否定项说明：若选手严重违反安全操作规程，造成人员伤害或设备损坏，则应及时终止其考试，选手该题成绩记为零分。

6. 项目实施清单

1) 各小组讨论加工步骤，填写加工工艺卡片表，如表4-28所示。

表4-28 加工工艺卡片

工序号	工序内容	使用设备	工艺参数	工、夹、量具

2) 各小组讨论加工步骤，填写加工范围和特点卡片表，如表4-29所示。

表 4-29　加工范围和特点卡片表

项目	组件装配
运用范围	
加工特点	
工具使用	
安全生产	

3) 各小组讨论加工步骤，填写任务执行中的问题解决卡片表，如表 4-30 所示。

表 4-30　任务执行中的问题解决

序号	问题现象	解决方案
1		
2		
3		
4		
5		
6		

4) 完成学生自我评价表，如表 4-31 所示。

表 4-31　学生自我评价表

序号	检查的项目	分值	自我测评		小组测评		教师签评	
			结果	得分	结果	得分	结果	得分
1								
2								
3								
4								
5								
6								
7								
8								

参 考 文 献

［1］徐东元. 钳工工艺与技能训练［M］. 北京：高等教育出版社，1998.
［2］张翼. 钳工实训指导［M］. 哈尔滨：哈尔滨工程大学出版社，2007.
［3］李绍鹏. 金工实习［M］. 北京：冶金工业出版社，2009.
［4］魏峥. 金工实习教程［M］. 北京：清华大学出版社，2004.
［5］钱昌明. 钳工工作禁忌实例［M］. 北京：机械工业出版社，2006.
［6］劳动部教材办公室. 钳工生产实习［M］. 北京：中国劳动出版社，1996.